世界は「関係」でできている

カルロ・ロヴェッリ Carlo Rovelli
冨永 星 訳

美しくも過激な量子論

Helgoland

NHK出版

世界は「関係」でできている——美しくも過激な量子論

装幀
松田行正＋杉本聖士

自分には量子力学がわかっていない、ということを、
わたしにわからせてくれたテッド・ニューマンに捧げる。

世界は「関係」でできている――美しくも過激な量子論｜目次

本文中の〔 〕は訳注を表す。＊は原書の傍注を、[ ]の番号は原書の巻末注を表す。

深淵をのぞき込む

チャスラフとわたしは、砂浜に座り込んでいた。香港で開催された会議の午後の休み時間に、目と鼻の先のラマ島を訪れたのだ。世界的に有名な量子力学の専門家の一人であるチャスラフは、その会議で複雑な思考実験の解析結果を発表していた。その実験について延々と論じながら海岸沿いの密林の小道を抜けていくと、やがてひょいと海辺に出た。すでに意見の一致を見ていたわたしたちは、波打ち際に腰を下ろすと、黙って海を見た。かなり経ってから、チャスラフがふとつぶやいた。「ほんとうに、信じられない。こんなことを、信じろというのか？これじゃあまるで……現実が……存在しないみたいじゃないか」

これが、量子を巡るわたしたちの現状だ。百年にわたって完璧な成功を収め、今日の技術や二十世紀物理学の基盤そのものをわたしたちに与えてくれた量子の理論。科学のもっとも偉大な成功の一つといえるその理論を細かく見ていくと、ただただ驚き混乱し、ほんとうなのかと疑うことになる。

かつてほんの一瞬だけ、この世界の成り立ちを定めている原理がはっきりわかったと思われた——じつに多様な形をした現実すべての根っこには、いくつかの力に導かれた物質粒子しかない。わたしたちはついに「マーヤーのヴェール〔インド哲学でいう無知の帳《とばり》〕」をめくって、現実のおおもとを見定めたのだ、と。しかしそれも、長くは続かなかった。つじつまの合わない事実が多すぎたのだ。やがて一九二五年の夏に、二十三歳のドイツの青年が、北海の吹きさらしの孤島、「聖なる島」を意味するヘルゴラント島で一人不安な日々を過ごすこととなった。そしてそこで、さまざまな御しがたい事実をすべて説明し得る着想、量子力学の数学的構造——すなわち「量子論」の確立へとつながる着想を得る。史上もっとも偉大な科学革命が始まったのである。その若者の名は、ヴェルナー・ハイゼンベルク。この本の物語は、彼から始まる。

量子論は、化学の基礎や原子や固体やプラズマの働きを明らかにし、空の色、星のダイナミズム、銀河の起源を始めとするこの世界の無数の側面を明確に説明してきた。さらに、コンピュータから原子力施設に至るさまざまな最新技術の基礎となった。工学者、天体物理学者、宇宙論学者、化学者、生物学者たちは、日々この理論を使っている。さらにその基本原理は、高校のカリキュラムにも組み込まれている。この理論は、未だかつて誤りだったためしがない。それは、今日の科学の脈打つ心臓なのだ。そのくせそれはひどく謎めいていて、人々をなんとなく不安にさせる。

量子論は、この世界はきちんと定められた曲線に沿って動く粒子からできている、という現実の描像を壊しはしたものの、ではこの世界をどう捉えたらよいのかは、はっきりさせていない。この理論の核となる（数）式は、現実を記述していないのだ。しかも不思議なことに、遠く離れた対象物は互いに結びついているらしい。そのうえ物質が、ぼんやりとした確率の波に置き換えられるというのだから……。

　歩みを止めて、量子論が現実世界について何を語っているのかを問う者は、みな途方に暮れる。アインシュタインは、ハイゼンベルクを正しい道へと導くことになるいくつかの着想に先《せん》鞭《べん》をつけていたにもかかわらず、ついにそれを自分のものとすることができなかった。さらに二十世紀後半の偉大な理論物理学者リチャード・ファインマンは、誰も量子を理解していない、と記している。

　だが、これぞまさに科学なのだ。科学とは、世界を概念化する新たな方法を探ること。時には、過激なまでに新しいやり方で。それは、自分の考えに絶えず疑問を投げかける力であり、反抗的で批判的な精神による独創的な力――自分自身の概念の基盤を変えることができ、この世界をまったくのゼロから設計し直せる力――なのだ。

　たとえわたしたちが量子論のあまりの奇妙さに戸惑ったとしても、この理論は現実を理解する新たな視点を開いてくれる。そこから見える現実は、空間に粒子があるという素朴な唯物論の描像より精妙だ。現実は、対象物ではなく関係からなっているのだ。

　量子論は、さまざまな大問題について考え直すための新たな方向を指し示している。現実の成り立ちや経験の本質、さらには形而上学や、ひょっとすると意識自体の本質などのさまざまな問題、科学者や哲学者たちが今もきわめて活発に議論しているこれらすべてのテーマについて、これから語っていこう。

北風が吹きすさぶ最果ての不毛の島ヘルゴラントで、ヴェルナー・ハイゼンベルクは、わたしたちと真実とを隔てる帳をめくってみた。するとそこには深淵があった。この本で語るべき物語は、ハイゼンベルクがその着想の萌芽を得た島から始まり、現実の量子的構造の発見がもたらしたさらに大きな問題を取り込みながら、着実に広がっていく。

＊＊

わたしはこの本を、何よりもまず量子物理学にはなじみが薄いが、それでも量子力学がどんなもので何を意味しているのかをできる限り理解したいと考えている人々に向けてまとめた。なるべく簡潔にするために、問題の核心を捉えるうえで必ずしも必要でない詳細は、すべて省いた。科学の不可解さの核にあるこの理論について、なるべく明晰に語ろうとした。ひょっとするとわたしは、量子力学をどう理解すればよいかではなく、量子力学はなぜかくも理解しがたいのかを説明しただけなのかもしれない。

だが同時にわたしは、わが僚友たち——この理論について調べれば調べるほど戸惑いを深めていった科学者や哲学者——のことも意識していた。この驚くべき物理学の意味を巡る現在進行形の対話をさらに継続してゆきたいと思ったのだ。そのために、量子力学になじみがある人向けの注釈をたくさん付け、本文では読みやすい形で記したことを、さらに厳密に述べるようにした。

理論物理学におけるわたしの研究目標は、空間と時間の量子的性質を理解すること、すなわち量子論とアインシュタインの発見を結合させることにある。そのために、気づいてみればいつも量子のことを考えていた。この本には、現在のわたしの到達点が示されている。ほかの意見を無視こそしていないが、その扱いはひどく偏っており、自分がもっとも有効だと考える観点、もっとも興味深い道が拓けると思う観点――すなわち量子論の「関係を基盤とする《リレーショナルな》」解釈――を中心に据えている。

これから旅を始めるにあたって、一つご注意申し上げたい。未知の深淵は、常に人を引きつけ、そしてめまいを起こさせる。ところが、量子力学を真剣に受け止めてその意味するところを深く考えるのは、ほとんどシュールといってよい経験で、いずれにしてもわたしたちは、自分たちがこの世界を理解するうえで堅牢かつ不可侵として大切にしてきたものを手放すしかなくなる。現実が、自分たちが思い描いていたものとは根本的に異なっている可能性を受け入れて、底知れぬ闇に沈むことを恐れずに、その深淵をのぞき込むことが求められるのだ。

リスボン、マルセイユ、ヴェローナ、ロンドン、カナダ・オンタリオ
二〇一九年〜二〇二〇年

第一部

第一章

奇妙に美しい内側を垣間見る

一人の若きドイツ人物理学者が、じつに奇妙な着想を得る。ところがその着想はこの世界をみごとなまでに記述しており、そこから大混乱が生じたのだった。

1 若きハイゼンベルクの突拍子もない思いつき
——「オブザーバブル」

朝の三時頃だったろうか、ついに計算の最終結果が得られた。……わたしはまさに驚愕した。……すっかり気持ちが高ぶって、眠ることなど考えられなかった。そこで宿を出ると、闇のなかをゆっくりと歩き始めた。そして、島の突端の海を見晴らす岩によじ登り、日が昇るのを待った……[1]。

わたしはよく、思いを巡らしたものだった。若きハイゼンベルクは、海を見下ろす岩によじ登りながら、いったい何を考え、何を感じていたのだろう、と。北海の風が吹き付ける荒涼としたヘルゴラント島で、波立つ広大な海と向き合って日の出を待ちながら、いったい何を思っていたのか。人類がのぞき見たことのない、めくるめく自然の秘密を知る最初の一人となった、そのすぐ後で。しかも彼は、弱冠二十三歳だった。

ハイゼンベルクがその島を訪れたのは、アレルギーの症状を少しでも軽くするためだった。「聖なる島」を意味するヘルゴラント島にはほとんど木がなく、花粉がひじょうに少なかった（ジェームズ・ジョイスは『ユリシーズ』の第十二挿話「キュクロープス」で、「一本しか木がないヘルゴラント」と記している）。ひょっとすると、かつてこの島に潜んでいた恐ろしい海賊、シュテルテベーカー〔十四世紀の海賊で、斬首後に首なしのまま歩き、十一人の部下の命を救おうとしたとの伝承を残す〕の伝説が念頭にあったのかもしれない。幼い頃、この海賊がお気に入りだったのだ。そうはいってもこの島を訪れたのは、何をおいても自分に取り憑《つ》いて離れない問題に専念するためだった。ハイゼンベルクは師のニールス・ボーアに託されたいちばんホットな問題と向き合い、ほぼ不眠不休でボーアの不可解な規則を裏付ける結果を得ようと計算を続けた。時折一息つくために島の岩によじ登ると、偉大なるドイツの詩人ゲーテがイスラムへの愛を歌った『西東詩集《せいとう》』の一篇を諳《そら》んじるのだった。

ニールス・ボーアはすでに科学者として名を成しており、化学元素の性質を測定せずに予測できる、単純だが奇妙な式を作っていた。その式を使うと、たとえばある元素が熱せられたときに発する光の周波数、つまりその光の色を予測することができる。じつにすばらしい偉業である。ところがその式は完璧ではなく、たとえば発せられる光の強さは計算できなかった。

なんといってもその式には、ひどく奇妙なところがあった。きちんとした根拠もなしに、原子のなかの電子が原子核の周囲の厳密に決められたいくつかの軌道を回っている、と仮定されていたのだ。それらの軌道から原子核までの距離はすべて厳密に決まっていて、電子自体のエネルギーも厳密ないくつかの値しかとらない。そのうえそれらの電子は摩訶不思議なことに、軌道から軌道に「飛び移る」というのだ。世界初の《量子飛躍》の記述である。なぜそれらの軌道しかとれないのか。軌道から軌道への突拍子のない「飛躍」の正体は何なのか。電子をここまで奇妙に振る舞わせるのは、いったいどんな力なのか。

原子は万物を構成するブロック、すなわち基本要素である。ではその原子は、いったいどのように機能しているのだろう。その内部で、電子はどんなふうに動いているのか。二十世紀初頭の時点で、科学者たちはこの問題について十年以上もあれこれ考え続けていたが、何の成果も上がっていなかった。

ボーアは、ちょうど絵画工房を率いるルネサンス期の絵画の巨匠のように、これと見込んだ当代一の若き物理学者たちをコペンハーゲンに呼び寄せては、ともに研究を進めていった。なんとしても、原子の秘密を解き明かそうというのである。そのような若者の一人に、聡明なヴォルフガング・パウリがいた。じつに勇敢で知的で尊大なこの人物は、ハイゼンベルクの友人であり、かつてのクラスメートだった。ところがその尊大なパウリが、ハイゼンベルクを呼んだほうがいい、とボーアに進言した。ほんとうに研究を進めたいのなら、彼の力が必要だ、と。偉大なるボーアはその助言を受け入れ、一九二四年の秋に当時ゲッチンゲンで物理学者マックス・ボルンの助手をしていたハイゼンベルクを招聘《しょうへい》した。コペンハーゲンに滞在した数ヶ月の間、ハイゼンベルクは式でびっしり埋め尽くされた黒板を前に、ボーアと議論を続けた。さらに師匠とこの若き新参者は連れだって山中に分け入り、原子の神秘や物理学や哲学を論じながら、何時間も歩き回ったのだった。[2]

ハイゼンベルクは原子の謎にすっかり夢中で、まるで取り憑かれたようだった。ご多分に漏れず、ありとあらゆることを試してみたが、どれ一つとしてうまくいかない。理屈からいって、電子をボーアの奇妙な軌道に閉じ込めておいて、妙な具合に飛躍させる力が存在するとは思えなかった。そのくせそれらの軌道が存在して跳躍が起きると考えると、原子を巡る現象をうまく予測できるというのだから、まるでわけがわからない。

捨て鉢になると、誰しも極端な答えに期待をかけたくなるものだ。ハイゼンベルクは北海の孤島でただ一人、過激な着想を探ってみることにした。

結局のところ、その二十年前にアインシュタインが世界をあっといわせたのも、過激な着想を得たからだった。その急進主義が成功したのである。パウリとハイゼンベルクは、アインシュタインの物理学に惚れ込んでいた。二人にとって、彼は伝説の人物だった。もしかすると、と二人は考えた。今こそアインシュタイン並みに過激な一歩を踏み出す時なのでは？　そうすれば、原子内部の電子の振る舞いを巡るこの行き詰まりを打破できるかもしれない。そしてその一歩を踏み出すのは、じつは自分たちなのかもしれない、と。二十代の若者は、どんな夢でも見ることができる。

アインシュタインの例からも、わたしたちのなかにもっとも深く根ざした確信ですら間違っている可能性があることは明らかだった。自分たちにはまったく自明に思えることが、じつは正しくないのかもしれない。自明に見える前提を捨ててこそ、物事をよりよく理解できる場合がある。アインシュタインが教えてくれたのは、自分たちが事実だと思っているものではなく、自分たちに見えているものだけに拠《よ》って立つべきだ、ということだった。

パウリはよく、そういったことをハイゼンベルクに話していた。そして二人は、ついにこの毒入りの蜜をぐいっとあおった。二人は以前から、現実と経験との関係を巡る論争を追っていた。二十世紀初頭のオーストリアやドイツの哲学界では、この問題がさかんに議論されていたのである。エルンスト・マッハは――アインシュタインに決定的な影響を及ぼした人物だったのだが――知識は観察だけにもとづくべきで、いかなる暗黙の「形而上学的」前提からも自由でなければならない、と主張していた。ハイゼンベルクの頭のなかで、こういったさまざまな素材がまるで爆薬の化学成分のように混じり合っていった。一九二五年の夏、この若者がヘルゴラント島に引きこもっていたときのことである。

そしてそこで、ある着想を得た。二十代の何ものにも縛られない急進主義ならではのその考えは、やがて物理学を根底からひっくり返し、ひいては科学全体やこの世界に対するわたしたちの見方を崩壊させることになる。そしてわたしにいわせれば、人類は未だにその考えを消化しきれていない。

ハイゼンベルクの飛躍は、きわめて単純であると同時に大胆だった。ふうむ、なるほど。これまで誰一人として、電子をあんなふうに奇妙に振る舞わせる力を発見できていない。だったら新しい力とやらを探すのはやめにして、すでになじみのある力を使おう。電子を原子核と結びつけている電気の力ではどうだろう。ボーアのいう電子の軌道や「飛躍」を説明できる新たな運動法則も、未だに見つかっていない。だったらすでに知っている運動法則をまったく変えずに、そのまま使い続けよう。

その代わりに、電子に対するこちらの見方を変えてみよう。電子の運動を記述するのは諦めて、自分たちが観察し測定できるものだけ、つまり、電子が放つ光だけを記述する。すべての基礎に、オブザーバブル〔観測可能量〕を据えるんだ。ハイゼンベルクは、そう考えた。そして改めて、観測可能な量、つまり電子が発する光の振動数と強さにもとづいて、電子の振る舞いを計算し直してみた。

電子がボーアの軌道の間を「飛躍」することの影響なら、わたしたちにも観測できる。そこでハイゼンベルクは、それまでの物理変数――つまり数――を、数の表で置き換えた。原子の元の軌道を「行」（横の並び）で表し、行き先の軌道を「列」（縦の並び）で表す表を作ったのだ。各行と列の交点には項があって、その項が行の軌道から列の軌道への「飛躍」を記述している。ハイゼンベルクは孤島で一人、夜に日を継いで作業を続けた。この表を用いた計算によってボーアの規則を裏付ける結果を得ようと、ろくに眠りもせずに頑張ってみたものの、原子内部の電子を記述する数学は、難しすぎてお手上げだった。そこで、もっと単純な系である振り子で試すことにして、その場合にボーアの規則に相当するものを探した。

六月七日に、突然カチリと歯車がかみ合った。

> 最初の項で「ボーアの規則に沿う」正しい結果が出たように見えたとたんに、わたしは興奮のあまり次から次へと計算間違いをし始めた。そのせいで、計算結果がすべて目の前に出そろったときには、午前三時を回っていた。すべての項が、正しい値になっていた。
>
> 不意に、自分の計算によって記述された新たな「量子の」力学の整合性が、一点の疑い

もない確かなものとなった。

はじめは、ひどく不安だった。自分が事物の表面を通り抜けて、奇妙に美しい内側を垣間見ているような気がしてきた。それから今度は、この豊かな数学的構造を——自然がかくも鷹揚《おうよう》にわたしの目の前に広げて見せてくれた構造を——細かく調べなくてはならないということに思い至って、めまいがし始めた。

まさに息をのむような描写である。事物の表面を抜けて、「奇妙に美しい内側を」……というハイゼンベルクのこの描写には、ガリレオの記述に通じるものがある。ガリレオが、斜面を落ちていく物体を測定するなかではじめて数理法則が立ち現れたのを見て記した言葉に。それは、人類がはじめて発見した地球上の物体の動きを記述する数理法則だった。一見無秩序な事物の後ろにある数理法則を垣間見たときの心持ちは、何にも代えがたい。

ゕゕ

ハイゼンベルクは六月九日にヘルゴラント島を発《た》ち、ゲッチンゲン大学に戻った。得られた結果の写しをパウリに送ったが、そこには「まだすべてがひどくぼんやりしていて、ぼくにとって明確になったとはいえない。しかし、もはや電子が軌道上を動いているとは思えなくなっている」という言葉が添えられていた。

七月九日には、自分の所属する研究室を主宰していたマックス・ボルン教授にも、得られた結果の写しを送った。そこに添えられたメモには、「途方もない論文をまとめたのですが、雑誌に投稿する勇気がありません」「ついては、目を通してご意見をいただければ」、とあった。

マックス・ボルンは七月二十五日に、自らハイゼンベルクの論文を『ツァイトシュリフト・フュア・フィジーク』〔物理学雑誌〕に送った。[3]

ボルンには、この若き助手が踏み出した一歩の重みがわかった。だから、その内容をはっきりさせることにした。研究室の学生だったパスクアル・ヨルダン〔ジョルダンとも〕を巻き込んで、ハイゼンベルクが得た奇っ怪な結果を整理させたのである。[4] ハイゼンベルク自身もパウリを巻き込もうとしたが、パウリは気乗り薄だった。すべてが数学ゲームのように見えた。あまりに抽象的で、難解にすぎる。だから当初この理論に取り組んだのは、ハイゼンベルクとボルンとヨルダンの三人だけだった。

三人はこの理論に必死に取り組み、ものの数ヶ月で、この新たな力学の形式的な構造全体を明らかにした。それは、じつに単純な理論だった。力は、古典力学の力と同じ。式も、古典物理学と同じ〔新しい式が一つだけ加わるが、この式*についてはのちほどお話しする〕。ただしこれまでの変数は数の表、いわゆる「行列」で置き換えられる。

なぜ、数の表なのか。原子内部の電子に関してわたしたちに観察できるのは、電子が放つ光——ボーアの仮説によれば電子がある軌道から別の軌道へ飛躍するときに出す光である。一つの飛躍には、電子が飛び出す軌道と飛び込む軌道の二つの軌道が関係している。したがってすでに述べたように、一つ一つの観察結果を、飛び出す軌道を行とし、飛び込む軌道を列とする表の各項に対応させることができる。

位置、速度、エネルギーといった電子の運動を記述するすべての量を、数ではなく数の表で表す、というのがハイゼンベルクの着想だった。電子の位置は、xというただ一つの値ではなく、Xというあり得るすべての位置からなる表で表されており、表の項が示すそれぞれの位置が、あり得る飛躍に対応している（次ページの下の表を参照）。使う方程式はこれまでと同じで、（位置、速度、軌道のエネルギー振動数などの）通常の量をこのような表で置き換えればよい、というのがこの新しい理論の考え方なのだ。たとえばある飛躍によって放たれる光の強さと振動数は、表のそれに対応する項によって決まる。さらに、エネルギーに対応する表は対角線（1行1列、2行2列……の項）にしか数が入っておらず、それらがボーアの軌道のエネルギーを与える。

* $XP-PX=i\hbar$

ということで、ここまでは、わかったかな？　いいや、全然。まるで、真っ暗闇に取り残されたみたいだ。

にもかかわらず、変数を表、つまり「行列」で置き換えるというこのばかげた処置を行うと、計算で正しい答えを求めることができる。実験で何が観察されるかを、正確に予測できるのだ。

その年のうちに、イギリスの無名の若者からボルンのもとに、一本の短い論文が送られてきた。ゲッチンゲンの三銃士を仰天させたその論文では、本質的に三人の理論とまったく同じ理論が構築されていた。しかも、ゲッチンゲン組の行列よりもさらに抽象的な数学の言葉が用いられていたのである。[5] 著者の名前は、ポール・ディラック。ハイゼンベルクはその年の六月にイギリスで行った講演を締めくくるにあたって、量子飛躍に関する自分の着想を紹介していた。ディラックもその講演を聴いていたが、疲れていて、まるで頭に入らなかった。それからしばらくして、当時師事していた教授からハイゼンベルクの一本目の論文を手渡された。教授自身は郵送されてきたその論文を

		行き先の軌道				
		軌道1	軌道2	軌道3	軌道4	…
元の軌道	軌道1	X_{11}	X_{12}	X_{13}	X_{14}	…
元の軌道	軌道2	X_{21}	X_{22}	X_{23}	X_{24}	…
元の軌道	軌道3	X_{31}	X_{32}	X_{33}	X_{34}	…
元の軌道	軌道4	X_{41}	X_{42}	X_{43}	X_{44}	…
	…	…	…	…	…	…

ハイゼンベルクの行列。電子の位置を「表す」数の表。たとえばX_{23}という項（数値）は、二番目の軌道から三番目の軌道への飛躍を示している。

まったく理解できず、ディラックも論文に目を通してみたものの、まったく愚にもつかないと思い、そのまま放っておいた。ところがその二週間後に田舎を散歩していたディラックは、その論文のことをあれこれ考え始め、ハイゼンベルクの表と自分が講義で学んだ内容に何か通じるものがあることに気がついた。それが何だったのか、正確には思い出せなかったので、月曜になるのを待つことにした。図書館が開いたら、あの本にあたって確認してみよう……[6]。そして、早い話がそこからまったく独自にゲッチンゲンの三人の魔法使いたちと同じ理論を完成させたのだった。

ディラック流にしろゲッチンゲン流にしろ、後はこの新たな理論を原子内部の電子に応用して、うまくいくかどうかを確認すればよい。この理論で、ほんとうにボーアの軌道をすべて計算することができるのか。

その計算はひどく難しく、ゲッチンゲンの三人は途中で力尽きた。そこで、誰よりもキレ者で尊大なパウリに助けを求めた。パウリは、「実際、この計算は難しすぎるねえ……きみたちには[7]」という返事をよこし、それから曲芸のようなテクニックを用いて、ものの数週間で計算を終えてみせた[8]。

結果は完璧だった。ハイゼンベルクとボルンとヨルダンの行列理論を用いて計算したエネルギーの値は、ボーアが仮定していた値とぴったり一致した。この新たな枠組みからは、原子に関するボーアの奇妙な規則を得ることができた。しかも、ボーアには計算できなかった、発せられる光の強度も計算できたのだ。そのうえそれらの計算結果も、実験の結果とピタリと合う！

これは、完璧な勝利だった。

アインシュタインは、ボルンの妻ハイディに宛てた手紙に次のように記している。「ハイゼンベルクとボルンの着想には誰もが気をもんでいて、多少なりとも理論に関心があるすべての人が夢中になっています[9]」。さらに旧友のミケーレ・ベッソに宛てた手紙では、「このところのもっとも興味深い理論化といえば、ハイゼンベルクとボルンとヨルダンによる量子状態の理論化だろう。まさに、魔法の計算といってよい」と述べている[10]。

量子力学工房の親方ともいうべきボーアはずっと後になって、次のように回想している。

「あの当時は、古典概念のあらゆる不適切な使用をじょじょに取り除いていけるような理論の再定式化がひょっとしたら可能かもしれない、という漠とした希望しかなかった。そのようなプログラムの困難さを痛感していたからこそ、弱冠二十三歳のハイゼンベルクが一気にその目的を達成したときには、誰もが感嘆することとなった[11]」

四十代だったボルンは別にして、ハイゼンベルクもヨルダンもディラックもパウリも、みな二十代だった。そしてゲッチンゲン組は自分たちの物理学を、「若者たちの物理学《クナーベンフィジーク》」と呼んだ。

その十六年後、ヨーロッパは再び世界大戦の苦しみのなかにあった。ヒトラーは、すでに著名な科学者になっていたハイゼンベルクに向かって、原子に関する知識を活かして爆弾を作り、この戦争を勝利に導くよう命じた。ハイゼンベルクは列車でドイツ占領下のデンマークに赴き、コペンハーゲンの旧師のもとを訪ねた。彼は老大家と話し合ったが、結局分かり合うには至らなかった。後にハイゼンベルクは、恐るべき爆弾の製作によって生じる倫理的な問題について話すためにボーアに会いに行った、と述べることになるが、みんながみんなその言葉を信じたわけではない。その後すぐに、英国の特殊部隊が本人の合意のもとにボーアを拉致し、デンマークから連れ出した。英国に移されたボーアはチャーチル直々の出迎えを受け、そこからさらにアメリカに向かうと、新たな量子論にもとづく原子の操作術を会得した若き物理学者たちとともに、その知識を実地に応用することとなった。広島と長崎は、原子爆弾によって壊滅状態となった。一瞬にして、老若男女を問わず二十万の人々が命を落としたのだ。そして今では一万数千もの核弾頭が、わたしたちの暮らす都市に向けられている。誰かがうろたえたり、何かミスをしただけで、地球上のすべての生命が根こそぎになりかねず、「若者たちの物理学」の衝撃的な威力は、誰の目にも明らかなのである。

幸いなことに、量子論の産物は、爆弾だけではなかった。この理論が応用された対象をあげていくと……原子に原子核、素粒子に化学結合の物理学、固体の物理学に液体の物理学に気体の物理学、半導体にレーザーに、太陽や中性子星のような恒星の物理学、原始宇宙に銀河形成の物理学などなど、いくらでも続けることができる。さらこの理論のおかげで、元素周期表から何百万もの人命を救うことができる医療への応用に至る、自然のあらゆる分野を理解できるようになった。そのうえ、かつて誰一人として想像だにしなかった、何キロメートルも離れた量子同士の相関や、量子コンピュータ、「テレポーテーション」といった新たな現象を予言し……そのすべてが正しいことが明らかになった。この驚くべき勝利の流れは百年以上途切れることなく、今も続いている。

ハイゼンベルクとボルンとヨルダンとディラックの計算の枠組みと、「あくまでオブザーバブルなものに限る」[12]という奇妙な考え方と、物理変数を行列に置き換えるというやり方。これらは、未だかつて一度も間違っていたことがない。この理論は、今のところ過ちが一つも見つかっていない、この世界に関する唯一の基本理論であって、今もその限界は見えていないのだ。

ʎʎ

それにしても、なぜわたしたちは電子を観察していないときに、その電子がどこにあって何をしているのかを記述できないのか。どうしてその電子の観測できる量、つまり「オブザーバブル」のことしか語れないのか。なにゆえ電子が軌道から軌道へと飛躍したことによる影響については語れても、任意の瞬間に電子がどこにいるかは語れないのか。「数」を「数の表」で置き換えるということは、いったいどういうことなのか。

「まだすべてがひどくぼんやりしていて、ぼくにとって明確になったとはいえない。しかし、もはや電子が軌道上を動いているとは思えなくなっている」という言葉は一体全体何を意味しているのか。友人であるパウリによると、ハイゼンベルクは「とんでもないやり方で推論を進めた。ほとんど直観だけで、基本的な前提をきちんと練り上げて、それらと既存の理論との関係をはっきりさせることには、とんと関心を持たなかった……」。

すべての始まりとなったヴェルナー・ハイゼンベルクの摩訶不思議な論文——北海の聖なる島で考え出された論文——は、次のような言葉で始まっている。「もっぱらオブザーバ

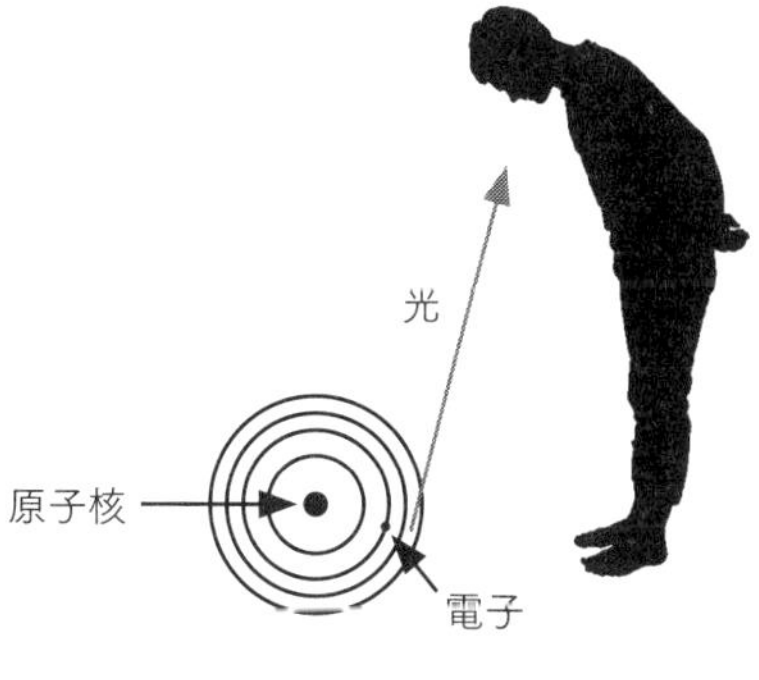

この理論は、電子が飛躍している最中にどのように動いているのかは語らない。飛躍したときにわたしたちに見えるものだけを語る。なぜなのか？

ブルな量の間の関係のみに依拠する量子力学の理論に基礎を与えることが、この論文の目的である」

オブザーバブル、観測可能な量だって？　自然は、自分を観察する人間がいるかいないかなんて、気にもしないだろうに。

2 シュレーディンガーの紛らわしいΨ
――確率

翌一九二六年には、すべてが明らかになったように思われた。オーストリアの物理学者エルヴィン・シュレーディンガーが、まったく別のやり方で原子のボーア・エネルギー〔原子内の電子の軌道エネルギー〕を計算して、パウリとまったく同じ結果を得たのである。

面白いことにこの成果もまた、大学の学部や実験室で得られたものではなかった。スイス・アルプスで、秘密の恋人との短い休暇を楽しんでいたときにひらめいたのだ。二十世紀初頭のウィーンの自由を尊ぶ寛大な雰囲気のなかで育ったシュレーディンガーは、華やかでカリスマ性があった。実際、常に複数の相手と付き合っていて、これから思春期に入ろうとしている女の子への関心を隠そうともしなかった。数年後、ノーベル賞を受賞したにもかかわらずオックスフォード大学のポストを追われることになったのも、その生活スタイルのせいだった。奇行には寛大とされるイギリス人の目から見ても、奔放にすぎたのだ。実際、当時のシュレーディンガーは、妻のアニーと妊娠中の愛人ヒルダと暮らしていたが、ヒルダはシュレーディンガーの助手の妻だった。その後、アメリカに移る話もあったが、結局それも頓挫した。ポストをオファーしてきたプリンストンに対して、生まれたばかりの小さなルートを育てるために、一つ屋根の下でそろって暮らしたいと申し出たのだが、名門大学としてはこのような家庭をとうてい容認できなかったのだ。そこで三人はさらなる自由を求めて、アイルランドのダブリン大学に移った。ところがそこでも二人の学生に子どもを産ませ、スキャンダルにまみれることになった……。妻のアニーは次のように述べている。「確かに、競争馬と暮らすよりカナリアと暮らすほうが楽なのでしょうが、わたしは競争馬を好みます」[13]

一九二六年初頭にシュレーディンガーが山に連れていった愛人の名は、今も謎である。古くからのウィーンの友人だったことはわかっていて、伝わるところによれば、その愛人だけを連れて、物理のことを考える際の耳栓代わりに真珠を二粒と、アインシュタインに読むよう勧められていたフランスの若き物理学者ルイ・ド・ブロイの論文を持って、山に向かったという。

ド・ブロイの論文では、電子のような粒子が、じつは海の波や電磁波のような波なのかもしれない、という主張が検討されていた。ド・ブロイは、じつはかなり曖昧な理論的類推にもとづいて、電子を動いている小さな波と見なすことができるはずだと示唆していた。

四方八方に広がる波と、はっきりと決まった軌道を辿り決してばらけない粒子の間に、どのような関係があり得るのか。レーザーから放たれる光線を思い浮かべてみると、光線はすっきりした軌道に沿っていて、まるで粒子の線のようだ。ところが光線は光でできていて、その光は波、つまり電磁場の振動である。光線の軌跡が描くきっちりした直線は、じつは散乱や拡散を包み隠したおおざっぱな姿、近似でしかない。

シュレーディンガーは、素粒子の軌道もまた、その元になる波の振る舞いを近似したものでしかない、という着想のとりこになった。[14]以前チューリッヒにおけるセミナーでこの着想を発表したときに、一人の学生に、その波は何らかの方程式に従っているのでしょうか、と問われたことがあった。そこで、山懐でウィーンの旧友と甘やかな時間を分かちあう合間に、耳に真珠を詰め込んでは、波の方程式から光線の軌跡へと至る径《みち》を巧みに辿っていった。[15]そしてきわめて曲芸じみたやり方で、原子のなかにある電子の波が満たすべき方程式を突き止めたのだった。そこでこの方程式の解を調べると……ボーアのエネルギーを抽出することができた。[16]まさに、大当たりだ！

ハイゼンベルクとボルンとヨルダンの理論のことを知っていたシュレーディンガーは、次に、この二つの理論が数学的には事実上同じであることを示してみせた。どちらも同じ値を予測するのである。[17]

ⅲ

波という見方はじつに単純だったから、ゲッチンゲンの小グループとオブザーバブルに関するその難解な考察は、完全に不意打ちを食らった格好だった。ふたを開けてみれば何のことはない、まるでコロンブスの卵じゃないか。ハイゼンベルクやボルンやヨルダンやディラックがわかりにくい複雑な理論を打ち立てたのは、曲がりくねった長い道を選んだからであって、事はほるかに単純だ。電子は波である。以上、終わり！　「観測」とはまったく関係なし。

シュレーディンガーもまた、二十世紀初頭ウィーンの哲学と知性の活発な世界の申し子だった。哲学者のハンス・ライヘンバッハの友人で、東洋思想、なかでもヒンズーのベーダーンタ哲学に夢中で、（アインシュタイン同様）世界を「表象」と解釈するショーペンハウアーの哲学に傾倒していた。体制順応主義に縛られることなく、「人がどう思うか」といったことや紋切り型の意見を恐れないシュレーディンガーにすれば、物質の世界を波の世界で置き換えることには何の不安もなかった。

シュレーディンガーはその波の名前として、ギリシャ文字のΨ《プサイ》という文字を選んだ。Ψという量は「波動関数」とも呼ばれている。[18] シュレーディンガーのみごとな計算によって、微小な世界は粒子でできているわけではない、ということが明らかになったように思われた。微小な世界は、Ψという波でできているのだ。原子核のまわりには、軌道を回る小さな粒ではなく、シュレーディンガーの波の連続的な波動がある。風が吹くたびに小さな湖の水面をさざめかせる波にも似た波があるのだ。

この「波動力学」はたちどころに、ゲッチンゲンの「行列力学」よりはるかに説得力があるとされるようになった。たとえ得られる予測は同じだとしても、パウリの計算よりシュレーディンガーの計算のほうがはるかに簡単だった。二十世紀前半の物理学者たちにすれば、波や波の方程式にはなじみがある。ところが行列──今日「線形代数」と呼ばれている数学──にはまるでなじみがなかった。実際に、当時ある著名な物理学者が次のように述べていたという。「シュレーディンガーの理論が登場したので、ほっと胸をなで下ろした。これでもう、奇妙な行列の数学を学ばなくてすむ[19]」

なんといっても、シュレーディンガーの波なら簡単に思い描くことができたし、視覚化もできる。ハイゼンベルクが消そうとした「電子の軌跡」の正体がはっきり示されているではないか。電子とは、拡散する波なのだ。以上、終わり！　したがって、軌跡は存在しない。

どこからどう見ても、シュレーディンガーの大勝利だった。

しかし、それは幻だった。

ハイゼンベルクはすぐに気がついた。シュレーディンガーの波が明確な概念であるというのははかない夢だ、ということに。波は、遅かれ早かれ広がって空間に拡散する。しかし電子は広がらない。どこかに到達するときは、必ず丸ごと一点に到達する。原子から電子が一つ放たれたとしよう。シュレーディンガーの方程式によれば、Ψという波は空間の至るところに一様に拡散するはずだ。ところがガイガーカウンターやテレビのブラウン管などによって電子の所在が明らかになってみれば、空間には拡散せず、一点に到着しているではないか。

シュレーディンガーの波動力学を巡る論争はすぐに活発になり、突然さらに辛辣《しんらつ》になった。ハイゼンベルクは自分の発見の重みが問われていると思い、苛立った。「シュレーディンガーの理論の物理的な側面について考えれば考えるほど、嫌悪の情を掻き立てられる。その理論の「視覚化可能性」について述べられていることは「おそらく完全には正しくない」。言い換えれば、でたらめだ[20]」。これに対してシュレーディンガーは、しゃれた反論を試みた。「電子が蚤《のみ》のように跳躍するなんて、わたしには想像できない[21]」

だが結局軍配は、ハイゼンベルクに上がった。明快さでいえば波動力学もゲッチンゲン組の行列力学とどっこいどっこいだ、ということがじょじょにはっきりしてきたのだ。シュレーディンガーの理論は、正しい数値をはじき出すもう一つの計算ツールであって、確かにこちらのほうがずっと使いやすいが、だからといって、起きていることをシュレーディンガー自身の望み通り明快かつ直接的に描き出しているわけではなかった。波動力学は、ハイゼンベルクの行列と同じくらいわかりにくかった。わたしたちが目にする電子は、常にどこか一点に存在しているのに、その電子が空間を伝播する波だなんて、そんなことがあり得るのだろうか。

ずっと後になってシュレーディンガーは――それでも量子が引き起こす問題についてのもっとも鋭い思索家の一人になったのだが――自分の敗北を認めて、次のように述べている。「波動力学を生み出した人物は」（つまり、ほかでもないシュレーディンガー自身）「ほんの一瞬、量子の理論から不連続性を拭い去ることができた、という幻想を抱いた。だがこの理論の方程式から消し去ったはずの不連続性は、この理論がわれわれの観測したことに直面した瞬間に、再び現れるのだ」[22]

またしても、「観測」に逆戻りだ。そしてここから再び一つの疑問が生じる。わたしたちが見ているかどうかを、自然は知っていたり、気にしたりするのだろうか。

シュレーディンガーのΨの意味を最初に理解したのは――またしても！――マックス・ボ

ルンだった。[23] こうして、量子物理学を理解するうえでひじょうに重要な、もう一つの要素が付け加わることになる。ボルンには真面目だがちょっと時代遅れのエンジニアのような雰囲気があり、量子論の創設者たちのなかではもっとも派手さに欠けており、知名度も低い。だがおそらく――まさにアメリカ人のいう「その部屋にいる唯一の大人」であっただけでなく――この理論の真の立案者だった。ボルンは一九二五年の時点で、量子的な現象を説明するにはまったく新しい力学が必要だということをはっきり認識していた。そしてその考えを若き物理学者たちに植えつけ、ハイゼンベルクの最初の混乱した計算に潜む正しい考えにすぐに気がついて、その着想を本物の理論に書き換えたのだった。

ボルンの理解によると、空間の一点におけるシュレーディンガーの波動関数Ψの値は、その点で電子が観測される確率と関係がある。[24] ある原子が粒子検知器に取り囲まれていて、その原子が電子を一つ放出したとすると、検知器がある場所におけるΨの値は、ほかならぬその検知器が電子を探知する確率を規定する。

つまりシュレーディンガーのΨは、実体ある何かを表しているのではなく、実際に何かが起きる確率を与える計算手段、ちょうど明日の天気を告げる天気予報のようなものなのだ。

じきに明らかになったのだが、ゲッチンゲンの行列力学についても、これと同じことがいえる。行列の数学はあくまで確率を予測するのであって、正確な数値を与えるわけではない。ハイゼンベルクの形にしろ、シュレーディンガーの形にしろ、量子論は確実に起きることではなく、確率を予測するのである。

ħħ

それにしても、なぜ確率なのか。普通は、その問題に関するデータがすべて出そろっていない場合に、確率を論じることになるのだが……。ルーレットの球が5のくぼみに落ち着く確率は、〔ヨーロピアンスタイルの場合〕三七分の一である。だが、最初に球を投げる位置と球に働く力がすべて正確にわかっていれば、どのくぼみに落ち着くかを正確に予測することができる（事実、一九八〇年代に目端《めはし》の利いた若者たちが、ラスベガスのカジノで靴のなかに隠した小型のコンピュータを使って大儲けをしたことがある）〔25〕。データに漏れがあるときには、何が起きるかを確実に知ることができず、確率について語ることになる。

ということはつまり、ハイゼンベルクやシュレーディンガーの量子力学は問題に関係する事実をすべて把握しきれていない、ということなのか。だから確率しか得られないと？　あるいは実際に、自然が気まぐれにあちこち飛び回っている、ということなのだろうか。

アインシュタインはこの問題を、派手な言い回しでぶつけてきた。曰く、「神はサイコロを振るのか？」。

アインシュタインは文飾に富む言葉を好み、大っぴらに無神論者と自称しながら、よく

「神」を比喩に使った。だがこの場合は、額面通りに受け取ってよいのだろう。アインシュタインはスピノザを崇敬しており、そのスピノザにとって「神」は「自然」と同義語だったのだから。つまり「神はサイコロを振るのか？」という言葉は文字通り、「自然法則はじつは決定論的ではないのか？」という意味なのだ。これから見ていくように、ハイゼンベルクとシュレーディンガーの論争から百年を経た今も、まだこの問いには決着がついていない。

いずれにしても、Ψというシュレーディンガーの波だけでは、とうてい量子の闇を解明することはできない。電子を単純な波と捉えただけでは足りないのだ。Ψという理解しにくい波が、ほかでもないその場所で電子が観測される確率を決める。さらにΨは、わたしたちが電子を見ていないときは、シュレーディンガーが書いた方程式に従って発展する。そのくせわたしたちが電子を見ると、ひゅっと一点に凝縮して、小さな粒子を目にすることになる。[26]

まるで、電子を観測するという単純な事実がありさえすれば、現実を変えられるかのようだ。「この理論は観測だけを記述するのであって、一つの観測と別の観測の間に起きることは記述しない」というハイゼンベルクの謎めいた着想に、さらに、「この理論はあれやこれやが観測される確率しか予測しない」、という着想を加えなくてはならないなんて。これでは謎が深まるばかりだ。

3 この世界の粒状性
——量子

ここまでで、一九二五年から二六年にかけて量子力学がいかに誕生したかを語り、さらに二つの事柄を紹介してきた。まずハイゼンベルクが探り当てた、量子力学はオブザーバブル、観測可能量だけを記述する、という奇妙な見解。そしてボルンの解釈による、この理論は確率しか予測しないという事実である。

量子物理学には、さらに核となる三つ目の認識がある。その認識について説明するために、少しだけ時計を巻き戻し、ハイゼンベルクの聖なる島への運命的な旅の二十年ほど前に遡ることにしよう。

二十世紀の初頭に奇妙で理解不能な現象とされていたのは、原子内部での電子の不可解な振る舞いだけではなかった。ほかにも奇妙な現象が観測されていたのだ。そしてそれらの現象には、ある共通点があった。不思議なことにそれらすべてが、エネルギーをはじめとする物理量は粒状〔離散的〕だ、という事実を浮き彫りにしていた。量子の概念が登場するまでは誰一人として、エネルギーが粒状かもしれない、と考えたことはなかった。たとえば、投げられた石のエネルギーは投げる速さに左右されるが、速さはどんな値にもなり得るから、エネルギーも好き勝手な値になれるはずだ。ところが当時行われたいくつかの実験で、エネルギーの奇妙な振る舞いが明らかになっていた。

ħħ

たとえば、炉のなかの電磁波は奇妙な振る舞いをする。熱（つまりエネルギー）が、すべての振動数の波には分布していないのだ。〔当時明らかになっていた温度と振動数、空間の大きさと振動数との関係からいって〕ごく自然に考えるとあらゆる振動数にわたって分布しそうなものだったが、決してある程度より高い振動数には達しなかった。ハイゼンベルクがヘルゴラント島に旅する二十五年前の一九〇〇年に、ドイツの物理学者マックス・プランクが、実験室で測定されたさまざまな振動数の熱エネルギーの分布の様子をうまく再現する一本の式をひねり出した。[27] ところが、プランクは一般法則からその式を導くにあたって、一つ奇妙な前提を置いていた。[28] エネルギーはそれぞれの波に、基本エネルギーの整数倍でしか伝わらない、としたのである。つまり、ばらけたエネルギーの包みが伝わるというのだ。

それらの包みの嵩《かさ》が振動数ごとに異なっていれば、プランクの計算はうまくいく。もっといえば、振動数に比例していなければならないのだ。[29] 振動数が高い波は、よりエネルギーの大きな包みだけからなっていて、振動数のひじょうに高い波にエネルギーが届かないのは、そこまで大きな包みを伝えるだけのエネルギーがないからだ。

プランクは実験で得た観察結果にもとづいて、一包みのエネルギーがその波の振動数の何倍になっているかを示す比例定数を計算してみた。そしてその定数を《h》と呼ぶことにしたが、いったいそれが何を意味するのかはわからなかった。今ではhの代わりに$\hbar$を使うことが多いが、この記号はhを2πで割った値を表している。hに小さな横棒を重ねたこの記号を考え出したのはディラックで、その理由はというと、計算のなかでしょっちゅうhを2πで割ることになり、その都度《$h/2\pi$》と書くのが面倒になったからだった。$\hbar$は英語では「エイチ・バー」と呼ばれ、イタリア語では「切られたエイチ《アッカ・タリアータ》」と呼ばれている。ところがこの記号は、やがてバーのないhと同様「プランク定数」と呼ばれるようになり、いささか混乱を招くこととなった〔正確には、ディラック定数、換算プランク定数という〕。この記号は、今では量子論のもっとも大きな特徴になっている（わたし自身は小さなひげが付いた$\hbar$の縫い取りがあるTシャツを持っていて、おおいに気に入っている）。

その五年後にはアインシュタインが、光をはじめとするすべての電磁波は、実際に「粒」からなっているはずだ、と主張した。[30] これが世界初の「量子」で、今日では光の量子、つまり「光子」と呼ばれている。その特質の測定単位がプランク定数hで、各光子は、その光子が属する光の振動数のh倍のエネルギーを持っている。

アインシュタインは、このような「エネルギーの基本粒子」が実際に存在するという前提に立って、当時まだ理解されていなかった「光電効果」という現象の原理を説明し[31]、実際の測定が行われる前にその特徴を予測してみせた。

ほかにもアインシュタインは、さまざまな形で量子力学の誕生につながる刺激を提供した。実際、一九〇五年には早くも、これらの現象が引き起こす問題がきわめて深刻で、力学全体を徹底的に見直す必要がある、ということに気づき始めていた。ボルンが、力学を深いところから修正しなければならないと考えるようになったのは、アインシュタインのおかげだった。さらにルイ・ド・ブロイは、光は波であると同時に光子の雲でもあるというアインシュタインの着想がきっかけで、あらゆる素粒子は波かもしれない、と考えるようになり、そこから今度はシュレーディンガーが、Ψという波を導入することになった。一方ハイゼンベルクはといえば、アインシュタインに触発されて、観測可能な量だけに注目することにした。さらにそのうえアインシュタインは、原子の現象を確率を用いて研究した最初の人物でもあり、それによって拓かれた道の先に、波Ψがじつは確率を意味している、というボルンの理解が生まれたのだった。量子物理学は、じつに多くをアインシュタインに負っているのである。

ħħ

一九一三年、今度はボーアの規則に[32]、またしてもプランク定数が登場した。この場合も同じ理屈だった。原子内部の電子の軌道はいくつかの決まったエネルギーしか持ち得ず、どう見ても、エネルギーがばらけた包みになっているとしか思えなかった。電子は、ボーアのいう軌道から別の軌道に飛躍する際にエネルギーの包みを放出し、それが光子——つまり光の量子——になる。さらに一九二二年には、オットー・シュテルンが考案し、ヴァルター・ゲルラッハとともにフランクフルトで行った実験で、原子の自転速度〔角運動量〕が連続的ではなく、いくつかの離散的な値だけを取ることがわかった。

光子、光電効果、さまざまな電磁波の間のエネルギー分布、ボーアの軌道、シュテルンとゲルラッハの観測……これらすべての現象を律しているのが、プランク定数hなのだ。

一九二五年にハイゼンベルクとその仲間たちの量子論が登場すると、これらすべての現象を一発で説明できるようになった。すべてを予測し、計算し、特徴付けることが可能になったのだ。

量子論という名前自体が、まさに「量子」、すなわち「粒」に由来する。量子現象は、この世界が――きわめて小さな規模では――粒状であることの表れなのである。

わたしの専門である量子重力理論によれば、わたしたちが暮らすこの物理的な空間は、きわめて小さな規模では粒状であって、プランク定数が、基本的な「空間の量子」の（きわめて小さな）寸法を決めている。[33]

粒状性は、「観測」、「確率」に続く、量子論の第三の着想である。ハイゼンベルクの行列の行と列は、エネルギーが取り得るばらばらな、つまり「離散的な」値に直接対応しているのである。

こうしてわたしたちは、第一部の結びへと向かう。この第一部では、量子論の誕生とそれが引き起こした混乱を語ってきたが、第二部では、その混乱から抜け出す道を紹介する。

ただしその前に、量子論が古典物理学に付け加えた一本の式について、簡単に述べておきたい。それはひどく奇妙な式で、位置に速度をかけたものと速度に位置をかけたものは異なる、と述べている。位置や速度が数であれば、どちらからかけても違いはない。なぜなら、7×9は9×7だから。ところが量子力学における位置や速度は「数の表〔行列〕」であって、表同士をかけるとなると、順番が問題になる〔行列同士のかけ算では、対応する行と列の成分をかけて和を取った値が積の成分になるので、かける順序によって得られる行列が異なってくる〕。この新しい式は、二つの量をある順序でかけたときと逆の順序でかけたときの差を表しているのだ。

じつにコンパクトで単純至極。そのくせじつに不可解な式だ。

くれぐれも、この式を読み解く気を起こされぬように。科学者や哲学者たちが未だにその意味と――そして彼らの間で――取っ組み合っている最中なのだから。後で再びこの式に戻って、その内容を少しだけ吟味するつもりだが、いずれにしても、ここにその式を書いておく。なぜならこの式こそが、量子論の核だから。というわけで、これがその式だ。

$$XP-PX=i\hbar$$

以上、終わり。Xという文字は粒子の位置を表し、Pという文字はその速度と質量をかけたもの（専門用語では運動量）を表している。iという文字は-1の平方根を表す数学の記号で、$\hbar$は、すでに見てきたように、プランク定数を2πで割った値である。

ある意味で、ハイゼンベルクとその仲間たちは、物理学にこの単純な方程式を加えたにすぎないのだ。そしてそこからすべてが始まった。量子コンピュータも、原子爆弾も。
ここまで形が単純だと、意味はひどく曖昧になる。量子の理論は、粒状性や量子飛躍や光子などのさまざまな現象を予測する。それらすべての元になっているのが、古典力学に付け加えられた、八つの記号からなるこの一本の式なのだ。位置に速度〔ひいては運動量〕をかけたものと速度に位置をかけたものは異なる、と主張する一本の式。まったくわけがわからない。ひょっとすると、映画監督のムルナウが無声ゴシック映画の古典、『吸血鬼ノスフェラトゥ』をヘルゴラント島で撮影したのも偶然ではなかったのかもしれない。

ニールス・ボーアは一九二七年に、イタリアのコモ湖のほとりで講演を行った。新たな量子の理論についてすでにわかっていること（や、わかっていないこと）の概略を残らず紹介したうえで、その利用法を説明したのだ。[34]一九三〇年にはディラックが、この新たな理論の形式的な構造をみごとに説明した本をまとめた。[35]今なおこの理論の最良の教科書とされている著作である。そしてその二年後には当代一の数学者ジョン・フォン・ノイマンが、数理物理学の大著において量子力学の形式を巡るいくつかの問題を正した。[36]
この理論を構築した人々は、前代未聞の「ノーベル賞の連続受賞」によって報われた。アインシュタインは一九二一年に、光の量子を導入して光電効果を解明したことに対してノーベル賞を受賞した。一九二二年にはボーアが、原子の構造に関する法則に対して受賞。一九二九年にはド・ブロイが、物質波という概念に対して受賞した。一九三二年にはハイゼンベルクが「量子力学の創造」に対して、一九三三年にはシュレーディンガーとディラックが原子の理論における「新たな発見」に対して受賞し、一九四五年にはパウリがこの理論への技術的貢献に対して、一九五四年にはボルンが確率の役割を理解したことに対して（ほんとうは、はるかに多くのことを行っていたのだが……）受賞した。アインシュタインは（正しくも）、ハイゼンベルクとボルンとヨルダンがこの理論を創始したと指摘していたが、パスクアル・ヨルダンだけは賞を逃した。とはいえヨルダンのナチス・ドイツへの忠誠心はあまりにも露骨だったわけで、人は、敗残者の長所を認めたりはしないものだ。[37]

ヴェルナー・ハイゼンベルクがヘルゴラント島で得た独創的な直観に忠実であろうとすると、この理論は、わたしたちが見ていないときに物質粒子がどこにあるのかを教えてくれない、ということになる。わたしたちにわかるのは、わたしたちがその粒子を観測したときに、その粒子をある点で見つける確率しか語らない。

ところがここでも疑問が生じる。その粒子にすれば、わたしたちに見られているか否かは、まったくどうでもよいことなのでは？　かつてない成功を収めてきたこの強力な科学理論は、やはり不可解だ。

第二部

第二章 極端な思いつきを集めた奇妙な動物画集

奇妙な量子現象が紹介される。さまざまな科学者や哲学者が独自のやり方で、それらの現象を理解しようとしてきた。

1 重ね合わせ

大学での専門を決めるにあたって、わたしは大いに悩み、迷った。そして最後の瞬間に、物理学を選んだ。当時のボローニャ大学では、（まだオンライン登録はできなかったので）登録日には各専攻の窓口に長い行列ができていたが、物理学の列がいちばん短かったこともあって、物理学科に進むことを決めた。

なぜわたしが物理学に惹かれたかというと、高校での死にそうに退屈な授業、バネやてこや転がるボールを使ったばかげた演習の背後に、現実の正体を理解したいという純粋な好奇心が隠れているような気がしたからだ。その好奇心が、青春時代のわたしのさかんな欲求と共鳴したのだ。なんでも試したい、読みたい、知りたい、見たい、あらゆる場所に行ってみたい、なるべくたくさんの国、環境、女の子、本、音楽を経験したい、できるだけたくさんの考えを知りたい、という欲と……。

思春期には、脳のニューロンのネットワークが急に再編成される。何でもかでも強烈に感じられて、あらゆるものに心を奪われ、すべてにまごつく。思春期を終えたばかりのわたしはすっかり混乱しており、疑問だらけだった。物事の本性を知りたい、とわたしは思った。この自然を、自分たちの思索によってどう理解できるのかが知りたい。現実とは何なのか。考えるとはどういうことなのか。物事を考えているこの「自分」とはいったい何なのか。

青年期に特有のこれらの極端なまでに強烈な好奇心に後押しされて、わたしは科学という灯りが照らすもの——自分たちの時代の「偉大なる新たな知見」——を追っていった。実際に答えが見つかるとは思わず、ましてや決定的な答えが見つかるなどとは思いもしなかったのだが……ここ二百年の間に人類が理解してきた事柄、物質の詳細な構造に関する事柄を無視することなど、できるはずがなかった。

大学で学んだ古典力学は楽しかったが、退屈でもあった。優美なまでに簡潔で、高校時代に丸暗記させられたちっぽけな公式より一貫性があり、断然理にかなっていた。アインシュタインの空間と時間に関する発見について学んだときには、喜びと驚きで一杯になって、動悸がしたくらいだった。

ところが量子とはじめて出合ったときには、頭のなかに色の付いた光が点《とも》った。今自分はまばゆいばかりの現実の素《もと》に触れようとしている、と感じた。今こそ現実に関する自分たちの前提や先入観に疑問が投げかけられようとしているんだ、と。

わたしと量子論との出合いは、じつに厳しいものだった。ポール・ディラックの独創的な著作と、一対一で向き合ったのだ。なぜそんなことになったのかというと……わたしは大学で、ファーノ教授の「物理学のための数学的手法」という講座を取っていた。つまり、わたしたちのための「手法」というわけだ。この講座では、各自が一つのトピックを独力である程度深め、そのうえで講座の仲間に紹介することになっていた。わたしが選んだのは、今では物理学の学位を取る人間が全員学ぶ、数学のある小さな領域だった。当時はまだカリキュラムに入っていなかった「群論」という分野である。そして教授に、その発表で何を紹介すべきかを相談しに行った。すると教授は、「群論の基礎と、それからその量子論への応用を紹介してはどうかな」といった。それでわたしはおずおずと、「量子論」に関する講座は一つも取ったことがないんです、といった。あの理論のことは、まったく何も知らないんですが……。すると教授は「ふうむ、なるほど。だったら、すぐに学ぶことだ」といった。

教授にすれば、冗談だった。

ところがわたしは、その冗談を真に受けた。

そしてディラックの著書を買った。表紙が灰色のボリンギエリ社から出ている本で、いい匂いがした（わたしはいつも、本を買う前に匂いを嗅ぐことにしている。匂いが決め手になるから）。そして部屋に閉じこもると、一ヶ月かけて、その本を注意深く読み進めていった。そのほかにも四冊の本を買って、[38] それらも念入りに読んだ。

それは、わが人生最良の一ヶ月だった。

そしてその間に生まれたさまざまな疑問が、一生わたしにつきまとうことになった。それらの疑問が、長い歳月の末に――たくさん本を読み、さんざん議論をしたり迷ったりしたあげくに――この本をわたしに書かせることになったのだ。

この章では、量子の世界の奇妙さを徹底的に掘り下げたい。まず、その奇妙さを端的に表す、ある具体的な現象を紹介する。わたし自身が直

接観察する機会を得たその現象は、微細だが、重要なポイントを端的に表している。そのうえで、今日もっともよく論じられているいくつかの見解、この奇妙さを理解するための解釈を紹介したい。

わたし自身がもっとも説得力を感じている見解は、後の章に取っておく。その解釈をすぐに知りたいという方は、これから始まる楽しくもややこしい回り道をすっ飛ばして、次の章に飛ぶこともできる。

ꟸꟸ

さて、量子的な現象のいったいどこがそんなに奇妙なのだろう。電子がいくつかの軌道上にあって、軌道から軌道へと飛び移ったからといって、この世が終わるわけでもなかろうに……。

量子の奇妙さの根っこには、「量子重ね合わせ」と呼ばれる現象がある。「量子重ね合わせ」とは、たとえばある対象がここにありながらあそこにもある、というふうに、ある意味で互いに反する二つの性質が同時に示されることだ。ハイゼンベルクが「もはや電子は一本の経路をゆくわけではない」といったのは、このことだった。電子はある場所だけに、あるいは別のどこかだけにあるのではなく、ある意味で両方にある。専門用語を使うと、「その対象物は、複数の位置の「重ね合わせの状態」にあり得る」のだ。ディラックはこの奇妙な振る舞いを「重ね合わせの原理」と呼び、量子論の概念の基礎とした。

ところがここで、注意が必要になる。わたしたちは決して「量子重ね合わせ」を見ることができず、見えるのは、重ね合わせの結果だけなのだ。それらの結果は「量子干渉」と呼ばれている。わたしたちは重ね合わせによって生じた干渉を目にしているのであって、重ね合わせ自体を見ているわけではない。

というわけで、実際にどのようなことが起きるのかを見ていこう。

わたしがはじめてこの目で量子干渉を観察したのは、この現象についてさまざまな書籍で学んだずっと後のことだった。当時わたしは、インスブルック大学のアントン・ツァイリンガーの研究室にいた。この優しい熊のような物腰の大きなひげを蓄えた親切なオーストリア人は、当代一の実験物理学者で、量子を巡るみごとな成果をいくつも上げてきた。彼は、量子計算《コンピューティング》や量子暗号や量子テレポーテーションの先駆者なのだ。これからみなさんに、その実験室でわたしが見たことを紹介しよう。なぜならその微妙な現象に、物理学者たちが当惑した理由が凝縮されているからだ。

彼が見せてくれた机の上には、さまざまな光学装置が設置されていた。小さなレーザー装置やレンズや、レーザー光線を分光してからまた集めるためのプリズムや光子の検知器といった装置だ。ごくわずかな数の光子からなる弱いレーザー光線が、二つに分かれておのおの別の経路を辿る。今、片方を「左」、もう片方を「右」と呼ぶことにしよう。二本の経路は再び合流し、さらにもう一度分かれて二つの検知器に到達する。そこで、一方の検知器を「上」、もう片方を「下」と呼ぶことにする（下図を参照）。

　このときわたしは、次のような現象を目撃した。二つある経路のうちのいずれか（左か右）を手で遮ると、光子の半数は下の検知器に到達し、残りの半数は上の検知器に達する（次ページ下、左側の二つの図をご覧いただきたい）。ところが二本の経路をともに開放しておくと、すべての光子が下の検知器に到達し、上の検知器には一つも引っかからない（次ページ下、右側の図をご覧いただきたい）。

　なぜこんなことがあり得るのか、みなさんも考えてみていただきたい。

　何か、ひどく奇妙なことが起きているような……。片方の経路が開放されているときに半数の光子が上の検知器に到達するのなら、両方の経路が開放されているときも、やはり半数の光子が上の検知器に到達する、と考えるのが理にかなっているような気がする。ところが、そうはなっていない。それどころか、上の検知器には光子が一つも到達しないのだ。

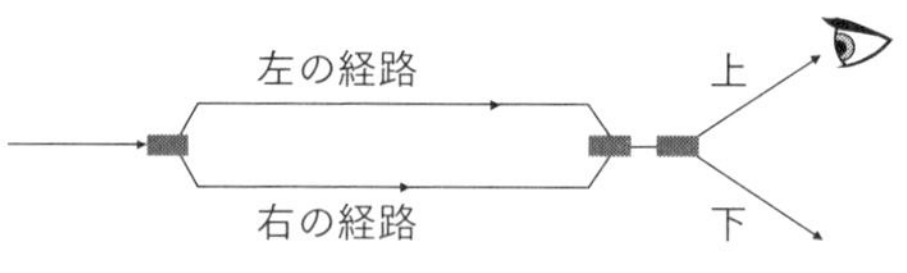

光子からなる光線はプリズムによって
二つに分かれ、それから一つになり、
再度二つに分かれる。

経路を遮断したわたしの手はどうやって、もう一つの経路を辿っていた光子に上の検知器に行けと命じることができたのか。

経路が両方とも開放されていると、上の検知器に到達する光子が皆無になるというこの現象は、量子干渉の一例である。右と左、二つの経路の間に「干渉」が起きているのだ。両方の経路が開放されると、光子が左の経路だけ、あるいは右の経路だけを通るときには起きないことが起きて、上の検知器に向かう光子が消える。

シュレーディンガーの理論によると、各光子の波Ψは二つの部分、二つの小波に分かれる。そのうちの一つは左の経路を、もう一つは右の経路を辿り、さらにこの二つが合流すると再びΨという波が構成されて、下の検知器への経路を辿る。ところがわたしが片方の経路を遮ると、Ψという波は再構成されなくなり、光子の振る舞いが変わる。波のこのような振る舞いは決して珍しくなく、実際、波の干渉（複数の同種の波が出合うことによって、波が強め合っ

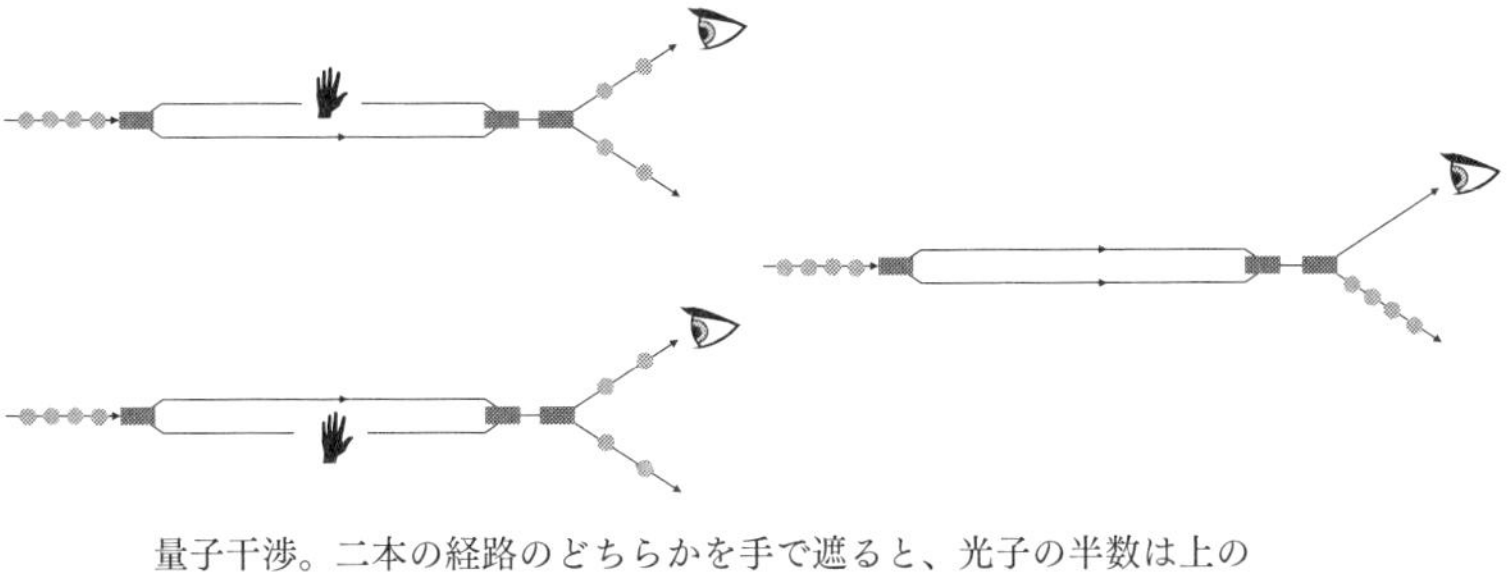

量子干渉。二本の経路のどちらかを手で遮ると、光子の半数は上の検知器に到達する（左の図）。二本の経路をともに開放しておくと、すべての光子が下の検知器に到達する（右の図）。いったいなぜ、どちらか一方の経路に手をかざした結果、もう片方の経路を辿っていた光子が上の検知器に到達するのか。誰にもわからない。

たり弱め合ったりすること）という現象はよく知られている。光の波や大海原の波も、同じように干渉を起こすのだ。

ところが各光子の波は、わたしたちには決して見えない。常に、左右いずれか片側の経路を辿る一つ一つの光子だけが見えるのだ。経路に沿って光子の検知器を設置したとしても、「半分にちぎれた光子」は検知されない。一つ一つの光子が、（丸ごと）左の経路を辿るか、（丸ごと）右の経路を辿るかのどちらかなのである。各光子は、波と同じように両方の経路を辿っているように振る舞うが（そうでなければ干渉は生じない）、わたしたちが光子の存在するあたりに目をやると、必ずその光子がどちらか片方の経路を辿っているのが見える。

これが「量子重ね合わせ」で、一つの光子が「左も右も両方」通っている。いわば、左を通るという状況（配位）と右を通るという状況（配位）、これら二つの配位の量子的な重ね合わせなのだ。そしてその結果、光子はもはや上の検知器に向かわなくなる。二つある経路のいずれか片方だけを通っていたときは、上にも向かっていたのだが……。

しかもそれだけではなく、さらに途方もないことが起きる。光子が二本の経路のどちらを辿るかをわたしが観測すると……干渉が消えるのだ（次ページ下図を参照）！

どうやら、観測するだけで、起ころうとしている出来事を変えられるらしい！　そんなばかな。わたしが見ていないときには、光子は決まって下の検出器に向かう。ところがどちらの経路を通るのかを注視していると、光子が上の検出器に到達する可能性が出てくるなんて。しかも呆《あき》れたことに、実際に光子を見なくても、光子が上の検出器に到達する可能性が出てくる。つまり、通らなかった側の「門のところでわたしが待ち構えている」だけで、光子が経路を変えるのだ。たとえ、わたしが実際には光子を目にしなくても！

量子力学の教科書には、一つの光子がどの経路を通るかを観測すると、その波Ψは丸ごと片方の経路に跳ぶ、と書かれている。今、光子が右の経路を通るかどうか観測したとして、もしも光子が見えたなら、波Ψは丸ごと右に跳ぶ。ところが、右の経路で光子が見えなくても、波Ψは跳ぶ！　ただし、この場合は左に。いずれにしても、もはや干渉は生じない。専門用語を使うと、わたしたちが観測した瞬間に、波動関数は「収縮〔崩壊とも〕」する。つまり、跳んで一点に収束するのだ。

これが「量子重ね合わせ」であって、いわば一つの光子が「両方の経路に」存在する。ところがこちらが光子を探すと、片方の経路にしか存在しない。

まったく、信じがたいことだ。

それでも、実際にこういうことが起きるわけで、わたし自身もそ

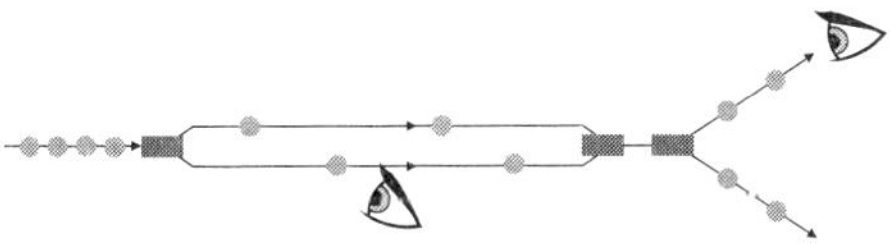

光子が辿る経路を観測するという行為そのものに、干渉を消す力がある！　光子が通るところを測定すると、やはり半分の光子が上の検知器に向かうのだ。

れを目の当たりにした。大学でさんざんこのような現象について学んでいたにもかかわらず、この目で見て、文字通り手を突っ込んだわたしは、すっかり混乱してしまった。どうかみなさんも、この光子の振る舞いの理にかなった説明を考えてみていただきたい……百年もの間、わたしたちみんなが説明しようと頑張ってきたのだが。

こういったことにすっかり当惑して、何が何やらさっぱりだとしても、みなさんは決してひとりぼっちではない。だからこそファインマンは、誰一人として量子力学を理解していないといったのだ（逆に、もしもみなさんが、これまでわたしが述べてきたことすべてが明白だと思われているのなら、それはつまり、わたし自身の理解が不明瞭だということだ。なぜならかつてニールス・ボーアが述べたように、「自分が考え得るよりも明確には決して表現できない」のだから[39]）。

ħħ

エルヴィン・シュレーディンガーはこの謎を説明するために、有名な思考実験を考え出した。[40] 左右の二つの経路を同時に辿る光子ではなく、起きていながら同時に眠っている猫を考えたのだ。

どういうことかというと……猫が一匹、箱に閉じ込められている。その箱には、二分の一の確率で量子現象が起きる装置が入っていて、もしも量子現象が起きると、その装置の睡眠薬の瓶のふたが開いて、猫は眠ってしまう。* 量子論によると、このとき猫のΨ波は「起きている猫」と「寝ている猫」の「量子的重ね合わせ」の状態にあって、わたしたちが実際に猫を見るまでは、その状態が続く。

つまり猫は、「起きている猫」と「寝ている猫」の「量子的重ね合わせ」の状態にあるわけだ。

これは、猫が起きているか眠っているかをわたしたちが知らない、というのとは違う。その理由は次の通り。起きている猫と眠っている猫の間の干渉は、ツァイリンガーの二本の経路を辿る光子同士の間に生じた干渉と同じように、猫が起きているか眠っているかいずれかであるときには起こり得ない。ツァイリンガーの実験で光子が「両方の経路を通る」ときに限って干渉が生じたように、問題の猫が、起きている猫と寝ている猫の両方、つまり「量子的重ね合わせ」の状態にあるときに限って干渉が起きるのだ。

＊ オリジナルの思考実験では、瓶には催眠ガスではなく毒が入っていて、猫は眠るのではなく死んでしまう。でもわたしは、猫の生き死にをもてあそびたくない。

猫のように大きな物理系では、干渉を観察することは困難だ。[41] しかしだからといって、干渉の存在を疑う理由はない。猫は、起きてもいなければ、寝てもいない。起きている猫と眠っている猫の量子的重ね合わせの状態にあるのだ……。

それにしても、これはいったいどういう意味なのか。

起きている猫と眠っている猫の量子的重ね合わせの状態にある猫は、いったいどんなふうに感じているのだろう。もしも読者のみなさんが、起きている自分と眠っている自分の量子的重ね合わせの状態にあったなら、どんなふうに感じるだろう？　ここに、量子の謎がある。

2　Ψを真剣に受け止める
——多世界と、隠れた変数と、自発的収縮と

物理学会後の懇親会で熱い議論を引き起こしたければ、隣の人に向かってごく気軽に「ところで、シュレーディンガーの猫は起きているのか。それとも寝ているのか。あなたはどうお考

えですか?」と尋ねてみるとよい。
量子論が誕生した直後の一九三〇年代には、量子の謎を巡って活発な議論が行われた。かの有名なアインシュタインとボーアの論争は、何年にもわたって、対面で、学会で、あるいは論文や手紙で続いた。アインシュタインは、現象のより現実的な像を手放すという考えに抗った。一方ボーアは、量子論の新たな概念を擁護した。[42]
一九五〇年代に入ると、この問題はほぼ無視されるようになった。この理論には絶大な威力があったので、物理学者たちは余計な疑問は口に出さず、とにかく可能性のありそうな分野に片っ端からこの理論を応用しようとした。そうはいっても、問いを発しなければ、何も学ぶことはできない。
一九六〇年代になると、概念を巡る問いへの関心が改めて高まったが、面白いことに、これにはヒッピー文化が一役買っていた。既存のものに代わるべき、異質な存在としての量子に魅せられたのだ。[43]
今日では、物理学科だけでなく哲学科でもしばしば量子論に関する議論が行われているが、意見も展望もまるでばらばらだ。放棄される考えがあるかと思えば生き延びるアイデアもあって、さまざまな批判に耐えてきた着想は、わたしたちに量子を理解する術を与えてくれる。とはいえどの着想を受け入れたとしても、概念の面では大きな代償を払うことになる。つまり、ひどく奇っ怪なことを受け入れざるを得なくなるのだ。量子論を巡るさまざまな意見の最終損益、その差引勘定がどうなるのかは未だに見通せていない。

ちなみにわたし自身は、結局は合意に至るだろうと考えている。当初はとうてい結論が出そうにないと思われていた偉大な科学論争——地球は止まっているのか動いているのか（動いている）、熱は流体なのか、それとも分子のすばやい動きなのか（分子の動きである）、原子はほんとうに存在するのか（する）、世界は「エネルギー」だけからなっているのか（そうではない）、わたしたちはサルと共通の祖先を持っているのか（持っている）……といった論争でも、結論が出たのだから。この本は今も進行している対話の一つの断章であって、ここでは、その議論が今現在どこまでいっていて、どちらに進もうとしているのかを紹介したい。

この次の章では、わたし自身がもっとも説得力があると感じている、関係を基盤に置いた見方を紹介することになるが、その前にまず、もっともよく論じられているいくつかの着想の概略をお伝えする。「量子力学の解釈」と呼ばれるようになったそれらの着想すべてが、何らかの形で極端な可能性——多重宇宙や、見えない変数や、決して観察されたことがない現象などの奇妙な獣——を受け入れることをわたしたちに求める。これは別に誰のせいでもなく、この理論が根っこのところで奇妙だから、こちらとしても極端な答えに頼るしかなくなるのだ。したがってこの章のここから先は、憶測でいっぱいだ。退屈だと感じた方は、このまま次の章——そこでは、わたしから見た物事の核心に迫るつもりだ——に進むこともできる。けれども、現時点でどのような議論があって、いかに奇妙な主張がなされているのかを俯瞰したい方は、このまま読み進めれば、きっと楽しんでいただけるはずだ……ということで、はじまり、はじまり。

たくさんの世界

現在、一部の哲学者グループおよび理論物理学者や宇宙論学者の間で流行っているのが、「多世界解釈」である。この解釈では、シュレーディンガーの理論を真剣に受け止める。つまり、Ψという波を確率とは解釈せず、あるがままの世界をきちんと記述する実体ある何か、と捉えるのだ。

そうなると、マックス・ボルンはノーベル賞に値しないことになる。なぜならボルンは、波Ψは確率の評価方法でしかないと理解したことでノーベル賞を受賞したのだから。

多世界解釈が正しいとすると、シュレーディンガーの猫は現実に完全に実在する波Ψで記述されることになる。したがって、実際に目覚めている猫と眠っている猫の重ね合わせになっているわけで、いずれの猫も具体物として存在している。だったらなぜ、箱を開けたときに見えるのが寝ている猫か起きている猫のどちらか片方で、眠りながらにして起きていている猫ではないのか。

さあみなさん、しっかり摑《つか》まって！　なぜなら多世界解釈によると、このわたし、つまりカルロ自身も自分の波Ψで記述されているからだ。わたしが猫を観察すると、わたしの波Ψが猫の波と相互作用をする。つまり互いに影響を及ぼし合って、わたし自身の波Ψが二つの部分——起きている猫を見ているわたしと、眠っている猫を見ているわたし——に分かれる（下図を参照）。この観点に立つと、二人のわたしはともに現実なのだ。

　したがってΨは二つの部分——二つの「世界」——で構成されることになる。この世界が、二つの「世界」——猫が起きていて、カルロが起きている猫を見ている世界と、猫が寝ていて、カルロが寝ている猫を見ている別の世界——に枝分かれするのだ。こうして、各世界に一人ずつ、計二種類のわたしが存在することになる。

　だったらなぜわたしには、たとえば起きている猫だけが見えるのか。なぜならわたし自身が、二人のカルロのうちの一人でしかないからだ。同じようにリアルで具体的なもう一つの並行世界では、わたしのコピーが眠っている猫を見ている。だからこそ、起きている猫と眠っている猫が同時に存在しているのに、わたし自身にはどちらか片方の猫しか見えない。なぜなら猫を見ることで、わたし自身も二人になるからなのだ。

　カルロのΨは、猫のほかにも絶えず無数の系と相互作用をしてい

るから、無数の並行世界が存在することになる。いずれもきちんと存在しており、同じように現実で、それらの世界には無数のわたしのコピーがいて、ありとあらゆる別の現実を経験している。これが、多世界の理論だ。

正気の沙汰とは思えないと？　確かに、正気の沙汰ではない。

それでも、これこそ量子論の最良の解釈だ、と主張する著名な物理学者や哲学者がいるのは事実だ。[44]だからといって、彼らが常軌を逸しているわけではなく、百年にわたってじつにうまく機能してきたこの驚くべき理論自体に、常軌を逸したところがあるのだ。

それにしても……量子論を包むこの霧から抜け出すには、ほんとうに、自分たちのリアルで具体的なコピーが無限に存在することを信じなければならないのか。自分たちが知らないし観察もできない無限個のコピーが、巨大な宇宙的Ψの背後に隠れている、ということを。

わたしにいわせれば、この着想にはもう一つ別の問題がある。論理的に存在し得る世界（「可能世界」）すべてを含む巨大な宇宙的波Ψは、ちょうどヘーゲルが批判した「すべての牛が黒くなる闇夜」（ヘーゲルはシェリングの同一哲学を、「絶対者をすべての牛が黒くなる夜（一切の差異を塗りつぶした同一性）と述べることは反省的思考を放棄することだ」と批判した）のようなもので、それ自体はわたしたちが実際に観測する現実の現象について何も語らない。[45]わたしたちが観測する現象を記述するには、Ψとは別の数学的な要素——この世界を記述するのに用いる x（位置）や p（運動量）といった個別の変数——が必要なのに、多世界解釈にはそれらに関する明確な説明がないのだ。

隠れた変数

この世界やわたしたち自身の無数のコピーを避けるには、一つ方法があって、それには「隠れた変数」と呼ばれる一群の理論を使う。なかでももっとも優れた理論を生み出したのが、物質波という概念の発案者ルイ・ド・ブロイで、さらにそれに磨きをかけたのが、デヴィッド・ボームだった。

ボームは西側のアメリカにいながら、鉄のカーテンの東側の共産主義を信奉していたため、苦難に満ちた生活を送ることになった。マッカーシズムが吹き荒れるなかで取り調べを受け、一九四九年には逮捕されて、短期間だが収監された。そして結局は無罪を言い渡されたにもかかわらず、世間体を気にしたプリンストン大学は、そのままボームをクビにした。こうなると南米に移住するほかなかったが、アメリカ大使館は、ボームがソビエトに逃亡する恐れがあるとして、パスポートを取り上げ……。

ボームの理論を支える着想はごく単純だ。多世界解釈と同じように、電子のΨという波には実体があるとする。ただし波だけでなく、実際の電子も存在する。常に確固たる位置を占める本物の物質粒子が存在する、というのだ。したがって古典力学と同じように位置はただ一つに決まり、量子的重ね合わせは存在しない。Ψという波はシュレーディンガーの方程式に従って発展し続け、一方実際に存在している電子はΨという波に導かれて物理空間を動き回る。ボームは、Ψという波が具体的にどのように電子を導くかを示す方程式を考え出した。[46]

じつにすばらしい着想だ。対象物を導くΨという波によって干渉という現象が引き起こされるが、対象物自体は量子的重ね合わせになっていない。それぞれが、常に唯一の位置を占めているのだ。猫は、起きているか、寝ているかのどちらかだ。けれども猫の波Ψは二つの部分からなっていて、片方は実在する猫に対応し、もう片方は猫がいない「空《から》の」波に対応している。ところが空の波にも干渉を引き起こす力があって、実在する猫の波と干渉する。

だからこそ、わたしたちには起きている猫か寝ている猫のどちらか片方しか見えないのに、干渉が起きる。猫は一つの状態のなかにいるが、もう一つの状態のなかに、干渉を引き起こすような波の一部が存在するのである。

この立場に立つと、先ほど紹介したツァイリンガーの実験の結果にもちゃんと説明が付く。わたしの手はなぜ、二つの経路の片方を遮ることで、別の経路を辿る光子の動きに影響を及ぼし得たのか。なぜなら、光子自体は片方の経路しか辿っていなくても、その波は両方の経路を辿っているからだ。わたしの手が、その時点で光子を導いていた波を変えたので、光子はわたしの手がないときとは別の

振る舞いをした。そんなわけで、光子自体は手から離れたところを通っていたにもかかわらず、わたしの手によってその後の光子の振る舞いが変わったのだ。じつにみごとな説明である。

隠れた変数が存在するという解釈によって、量子力学は再び古典力学と同じ論理領域に引き戻され、すべてが決定論的で予測可能になる。電子の位置と波の値がわかりさえすれば、すべてを予測できるのだ。

だが、事はそう簡単ではない。実際には、わたしたちは波のほんとうの状態を決して知り得ない。なぜなら波は絶対に見えないからで、見えるのは電子だけなのだ。[47]したがって、電子の振る舞いは変数（波）によって決まるが、その変数はわたしたちにとって「隠れた」ままだ。それらの変数は原則として隠れていて、決して突き止めることができない。だからこの解釈は、「隠れた変数理論」と呼ばれている。[48]

この理論を真剣に受け止めるのであれば、丸ごとの物理的現実が原理的に自分たちにアプローチできないものとして存在する、という考えを受け入れるしかなくなる。結局のところこの理論は、量子論が自分たちに語ってくれないことについての慰めを得るためのものでしかない。量子論がすでに予見した結果を超えるものはいっさい手に入らず、不確定性への恐れがほんの少し和らぐだけなのに、自分たちには観測不可能な世界が存在する、と仮定する値打ちがあるのか。

この解釈には、ほかにも難点がある。一部の哲学者がボームの解釈を好むのは、概念のうえで明確な枠組みを提供しているからなのだが、物理学者の受けは悪い。なぜなら、たった一つの粒子よりも複雑な対象に適用しようとしたとたんに、問題が山積みになるからだ。たとえば複数の粒子の波Ψは、単一の粒子の波を足し合わせただけのものではない。この場合の波は、物理的空間のなかを動く波ではなく抽象的な数学的空間[49]にある波であって、単一粒子の場合にボームの理論が描き出す直感的でシャープな現実像は失われる。

さらに深刻なのが、相対論を考慮したときに生じる問題だ。この理論の隠れた変数は相対論にいっさい従わず、特権的な（観測不能な）基準系を決めてしまう。古典力学のようにこの世界が常に値の定まる変数からなっていると考えると、それらの変数が永遠に隠れたままであるだけでなく、古典力学を通してわたしたちがこの世界について学んできたすべての事柄と矛盾するのだ。ほんとうに、そんな代償を払うだけのことがあるのだろうか。

波動関数の自発的収縮

多世界や隠れた変数抜きで波Ψが実在する波だと考える方法が、もう一つある。量子力学の予言は、現実によく似せたもの——つまり「近似」——でしかなく、すべてをより一貫したものにし得る何かが無視されている、と考えるのだ。

わたしたちの観察とはまったく無関係に現実の物理過程が存在しており、時折その過程が自発的に生じて、波が拡散するのを防ぐ。未だかつて直接には観察されたことのないこの仮想のメカニズムは、波動関数の「自発的収縮〔客観的崩壊、物理的崩壊などとも〕」と呼ばれている。わたしたちが観察するから「波動関数の収縮」が起きるのではなく、あくまでも自発的に起きるのだ。しかも、対象物がマクロに近いほど、つまりわたしたちの感覚で捉えられる大きさに近ければ近いほどすばやく起きる。

猫の場合には、Ψはひとりでに、しかもきわめて迅速に二つのありよう〔配位〕のどちらかに跳ぶ。だから猫はきわめて迅速に、眠るか、起きるかする。ということはつまり、わたしたちの目に見える猫のようなものには、通常の量子力学は適用されなくなる。[50] このためこの種の理論は、通常の量子論から逸脱した予測を与える。

世界中のさまざまな研究室が、どの解釈が正しいのか白黒を付けようと、これらの予測を確認すべく努力を重ねてきた。その試みは今も続いており、今のところ、軍配は常に量子論に上がっている。物理学者の大半が——この本の著者たる不肖わたしも含めて——量子論は今後もかなり長い間正しくあり続ける、というほうに賭けることだろう……。

3 不確定性を受け入れる

前節で紹介した量子力学の解釈では、不確定性を受け入れることなく、Ψは実在する対象物だ、としていた。[51] その結果、多世界や隠れたままの変数や決して観測できない過程を現実に付け加えることとなった。だがじつは、Ψという波をそこまで真剣に受け取る謂《い》われはない。Ψは実体ある現実ではなく、計算のための道具、天気予報や会社の収支予測や競馬の予想のようなものなのだ。[52] この世界の現実の出来事は確率的な形で起きる。そしてΨという量は、それらの出来事が起きる確率を計算する手段なのである。

量子論の波Ψをそれほど真剣に受け止めない解釈を、「認識論的」解釈という。なぜならそれらの解釈では、Ψはこの世界で起きることに関する自分たちの認識《エピステーメー》（ἐπιστήμη）の要約にすぎない、とするからだ。

このような「認識論的」解釈の一例に、《QBイズム》がある。QBイズムは、量子論をあるがままに受け止める。決して世界を「完璧なもの」にしようとせず、別の世界や隠れた変数や証拠のない自発的過程を認めない。ポイントは、Ψをこの世界に関して自分たちが持っている情報とするところにある。Ψは「わたしたちがこの世界について知っていること」を記述しており、わたしたちが観察すると、手元の情報は増える。だからΨは観察によって変わる。なぜ変わるかというと、外側の世界で何かが起きるからではなく、それに関する手持ちの情報が変わるからだ。気圧計を見れば、天気に関する予測が変わる。別に気圧計を見たとたんに空模様が変わるからではなく、気圧計を見たとたんに、それまで知らなかったことを知るからだ。

ちなみに、《QBイズム》という名前は「量子ベイズ主義（Quantum-Bayesianism）〔ベイズは十八世紀の長老派の牧師で、確率について研究した〕」に由来するのだが、この言葉には、ブラックやピカソのキュビズム〔立体派〕に通じる響きがある。キュビズムとは、量子論が実ろうとしていた頃にヨーロッパで起きた有力な絵画様式である。量子論とキュビズムはいずれも、姿形をありのままに写し取ればこの世界を表現できる、という考え方から遠ざかっていった。二十世紀の最初の数十年間にヨーロッパの文化全体が、この世界を単純で完全な形で表すことはできない、と考えるようになっていったのだ。文化人類学者のレヴィ＝ストロースは、文化を研究することでその文化が変わることに気づいていた。フロイトは、患者の精神を分析すれば、必ずその影響が出ることを知っていた。ちょうど量子力学が誕生しようとしていた一九〇九年から一九二五年にかけて、イタリアではピランデルロが『ひとりは誰でもなく、また十万人』という作品をまとめていたが、それは、無数の観察者の視点から見た現実破壊の物語だった……。

QBイズムは、わたしたちに見えたり測定できたりするものを超えた、この世界の現実に即した像を作ることを断念する。この理論はわたしたちに、何かが見える確率を提供するのであって、正当に語れるものはそれしかない。実際に猫や光子を観察していないときに猫や光子について語ることは、正しくないのだ。

⁂

QBイズムは、科学を徹底的に道具と見なす。この理論は、主体が見るかもしれないものについてのみ予測を提供する。だがわたしにいわせれば、科学は単に予測を与えるだけのものではない。現実のイメージや、物事を考える際の概念的な枠組みをも提供するものであって、そのような野心があればこそ、科学的な思考はここまでの力を持ち得た。予測だけが科学の目的だったなら、コペルニクスはプトレマイオスと比べて何ら新しいことを発見していない。天文に関するその予測は、プトレマイオスの予測を超えていなかったのだから。けれどもコペルニクスは、すべてを考え直すための鍵を見つけ、理解の新たなレベルに達した。

思うにQBイズムの弱点は――ここが本書の議論全体の転回点になるのだが――現実を知識の主体、つまりそれを知る「わたし」につなぎ留めているところにある。まるで、「わたし」が自然の外側に立っているかのように。QBイズムは、観察者を世界の一部として見るのではなく、観察者の内に映った世界を見ているのだ。そうすることで素朴な唯物論から脱したが、結局は絶対的な観念論に堕《お》ちることとなった。[53] 観察者自身も観察される可能性があるということが重要なのだ。実際の観察者が量子論で記述されている、ということを疑う理由はどこにもない。

わたしが観察者を観察すれば、わたしにはその観察者に見えないものが見える。ここから理にかなった類推を行えば、観察者としてのわたしにも見えないものが存在するはずだ。わたしが求めているのは、宇宙の構造を説明し、宇宙の内側の観察者であるという事実の何たるかを明確にする物理理論であって、観察している自分によって宇宙が左右される理論ではない。

ħħ

結局のところ、この章でざっと紹介してきた量子論の解釈はどれも、シュレーディンガーとハイゼンベルクの論争を繰り返しているにすぎない。不確定で確率しか求められないということの世界の性質を何としても忌避しようとする「波動力学」と、「観測する」主体の存在にあまりに頼りすぎているように見える「若者たちの物理学」の過激な飛躍との間の論争の焼き直しでしかないのだ。この章ではさまざまな面白い着想を見てきたが、ほんとうの意味で前進することはできなかった。

情報を知ってそれを保つ主体とは、いったい誰なのか。その主体が持っている情報とは何なのか。観測する主体とは何か。その主体は、自然の法則を逃れた存在なのか、それともやはり自然の法則に従っていて、自然法則によって記述される存在なのか。もしもそれが自然の一部だとすると、なぜそれを特別扱いするのか。

この問い――ハイゼンベルクが提起した重要な問いの無数の再定式化の一つである、「観測とは何か」、「観測者とは何なのか」という問いによって、わたしたちはついにこの本の主要な概念である、関係へと導かれる。

第三章

みなさんにとっては現実、でもわたしにとっては現実でない事柄とは?

ついに「関係」についての話が始まる。

1 かつて、この世界が単純に見えたことがあった

ダンテが『神曲』を執筆していた頃、ヨーロッパでは、わたしたちが見ているこの世界は霞んだ鏡に映った天上界だと思われていた。偉大なる天上界はいくつもの層からなっていて、偉大なる神と天使たちの天球が、天空を横切って惑星を運び、はかない人間たちの暮らしの愛や恐怖に関与する。そしてわたしたち人間は宇宙の真ん中で、敬慕と反抗と後悔の間を揺れ動いているのだ、と。

やがて、人々の見方は変わった。数百年の間に現実のさまざまな側面を理解し、そこに潜む原理を見出し、目的を達するための戦略を見つけていった。科学的な思考によって、入り組んだ知の殿堂が作り上げられていったのだ。物理学は先頭に立ってそれらの知を統合する役目を果たし、現実の明確なイメージを提供した。この世は巨大な空間で、そのなかを、さまざまな力によって押したり引いたりされた粒子が飛び回っている、というイメージを。さらにファラデーとマクスウェルが、そこに電磁「場」を付け加えた。場は空間に広がる実体であって、遠く離れた物体は、この「場」を通して互いに力を及ぼし合う。アインシュタインは、重力もまた「場」によって伝えられることを示し、その図を完成させた。重力場は、まさに時空間の幾何学なのだ。じつに美しく明快な総合《ジンテーゼ》ではないか。

現実は、おびただしい層からなっている。雪を頂く山や森、友達のほほえみ、冬の薄汚れた朝の地下鉄の轟音《ごうおん》、わたしたちの飽くなき渇望、ノートパソコンのキーボードの上を舞う指、パンの味、この世界の悲しみ、夜の空、無数の星、群青色《ぐんじょう》の薄暮の空にぽつんと輝く金星……この多種多様で無秩序な外見の裏に潜むおおもとの編み地、隠れた秩序をついに見出した、とわたしたちは思った。あの頃、この世界は単純に見えていた。

しかしちっぽけな人間の壮大な望みは、ややもすれば短い夢であることが判明する。古典物理学の概念が持つ明快さは、量子によって押し流された。現実は、決して古典物理学が記述するようなものではなかったのだ。

こうしてわたしたちは不意に、ニュートンの成功という幻想に包まれた心地よい眠りから目覚めたのだった。だがその目覚めのおかげで、改めて科学的思考の脈打つ核心に関わることとなった。科学的な思考は、すでに得られた確かなものでできているわけではない。それは、絶えず動き続ける思索なのであって、その強みはまさに、あらゆるものを絶えず疑い、論じ直すという点にある。この世界の秩序を大胆に覆し、より有効な秩序を探って、そこからさらにあらゆるものを疑い、再度すべてをひっくり返す。

ためらうことなくこの世界について考え直すこと、それが科学の力なのだ。アナクシマンドロスが地球の土台を取り去ってからというもの、コペルニクスは地球を天空に放って回転させ、アインシュタインはがちがちだった空間と時間を溶かし、ダーウィンは「ほかの生き物とは違う人間」という幻想を打ち砕いてきたのであって……現実のイメージは絶えず描き直され、より有効なものになってきた。一歩、また一歩と、現実の途方もなく奇妙で美しい姿が明らかにされてきたのだ。この世界を根底から作り直す勇気、それが科学の曰く言いがたい魅力となって、青年期のわたしの反抗的な心を捉えたのだった……。

2 関係

物理学の実験室で原子やツァイリンガーのレーザーに含まれる光子といったきわめて小さな対象物を調べる場合、誰が観測者なのかははっきりしている。観測するのは、対象となる量子を準備し、観察し、測定する科学者である。彼らは測定機器を用いて、原子が発する光を検知したり、光子が到達する位置を検出したりする。

だがこの広大な世界は、実験室の科学者や測定機器だけでできているわけではない。だとすれば、観察する科学者がまったくいない場での観察とは、いったい何なのか。誰も観察していないとき、量子論はわたしたちに何を教えてくれるのか。ほかの銀河で起きていることについて、いったい何を教えてくれるのだろう。

その答えの鍵、とわたしが信じているのは——同時にこの本のさまざまな着想の要でもあるのだが——科学者も測定機器と同じように自然の一部である、という単純な観察だ。そのとき量子論は、自然の一部が別の一部に対してどのように立ち現れるかを記述する。

量子論の関係を基盤とする解釈、すなわち関係論的《リレーショナル》な解釈の核には、この理論が、量子的な対象物のわたしたち（あるいは「観測」という特別なことをする特別な実体）に対する現れ方を記述していわけではない、という見方がある。この理論は、一つ一つの物理的対象物が、ほかの任意の物理的対象物に対してどのように立ち現れるかを記述する。つまり、好き勝手な物理的存在が、別の好き勝手な物理的存在にどう働きかけるかを記述するのだ。

わたしたちはこの世界について、さまざまな対象物や事物や存在（物理学で「物理系」と呼ばれるもの）の面から考える。光子、猫、石、時計、木、少年、村、虹、惑星、銀河団、などなど……。だがこれらは、おのおのが尊大な孤独のなかに佇んでいるわけではない。むしろ逆に、ただひたすら互いに影響を及ぼし合っている。自然を理解したければ、孤立した対象物ではなく、この相互作用に注目する必要がある。猫は、チクタクという時計の音に耳を澄ます。少年は、石を投げる。石は飛んで、空気を動かし、別の石に当たって、その石を動かしてから落ち、その場所の地面を押す。一本の木が、太陽の光からエネルギーを得て酸素を作り、村人はその酸素を吸いながら、星を観察する。そして星たちは、ほかの星の重力に引っ張られ、銀河のなかを動いていく……わたしたちが観察しているこの世界は、絶えず相互に作用し合っている。それは、濃密な相互作用の網なのだ。

一つ一つの対象物は、その相互作用のありようそのものである。ほかといっさい相互作用を行わない対象物、何にも影響を及ぼさず、光も発せず、何も引きつけず、何もはねつけず、何にも触れず、匂いもしない対象物があったとしたら……その対象物は存在しないに等しい。決して相互作用しない対象について語ることは、たとえそれが存在していたとしても、自分たちと無関係なものについて語ることであって、そのような対象が「存在する」という言葉の意味すら判然としない。わたしたちが知っているこの世界、わたしたちと関係があってわたしたちの興味をそそる世界、わたしたちが「現実」と呼んでいるものは、互いに作用し合う存在の広大な網なのである。そこにはわたしたちも含まれていて、それらの存在は、互いに作用し合うことによって立ち現れる。わたしたちは、この網について論じているのだ。

この網には、たとえばツァイリンガーが観察した光子が含まれるが、さらにそこにはアントン・ツァイリンガー自身も含まれている。つまりツァイリンガーも、光子や猫や星のような存在なのだ。今このページを読んでいるみなさんもそうした存在であって、カナダの冬の朝に、書斎の窓越しにまだ暗い空を望み、コンピュータとキーボードの間に割り込んできた琥珀《こはく》色の猫のゴロゴロという声を聞きながら、キーボードを叩いて今この行を書いているわたしもまた、ほかのものと同じような存在なのである。

量子論によって、光子がツァイリンガーに対してどのように立ち現れるのかが記述されるのであれば、そしてこの二つがともに物理系であるのなら、その理論は、好き勝手な対象物が別の好き勝手な対象物に対してどのように立ち現れるかを記述しているはずだ。

確かに、言葉の厳密な意味で観察し測定する者、すなわち「観測者」と呼ぶべき特殊な系が存在するのは事実だ。感覚器官や記憶があって、実験室で仕事をし、大きな環境と相互作用する、肉眼で見える大きさの系が……。しかし量子力学は、そのようなものだけを記述しているわけではない。実験室における観測に限らず、あらゆる種類のすべての相互作用の基礎となっている、物理的な現実の根本的普遍的な文法を記述しているのだ。

こうして見ると、ハイゼンベルクが導入した「観測《オブザベーション》」にはなんら特別なところはなく、二つの物理的対象物の間のすべての相互作用を「観測」と見なすことができる。何かに対する別の対象物の立ち現れ方について考える際には、その何かを「観測者」と捉えることができるはずなのだ。量子論は、対象物の互いに対する立ち現れ方を記述するのである。

思うに、わたしたちは量子論を通して、あらゆる存在の性質、すなわち属性が、じつはその存在の別の何かへの影響の及ぼし方にほかならない、ということを発見した。事物の属性は、相互作用を通してのみ存在する。量子論は、事物がどう影響し合うかについての理論である。そしてそれは、現在わたしたちの手元にある最良の自然の記述なのだ。[54]

これは単純な着想だが、ここから得られる二つの過激《ラディカル》な結果が、量子を理解するのに必要な思考の余白を作り出してくれる。

相互作用なくして、属性なし

ボーアは「問題となっている現象が生じる条件を突き止めるために使われている測定機器と原子系との相互作用と、その原子系の振る舞いを、厳密に分離することはできない」と述べている。[55]

ボーアがこの一節を記した一九四〇年代には、この理論は原子系を測定する実験室にのみ適用されていた。それからほぼ百年が経った今日では、この理論が宇宙のあらゆる対象物について正しいということがわかっている。したがってわたしたちは、「原子系」を「すべての対象物」に、「測定機器との相互作用」を「ほかのすべての対象物との相互作用」に置き換える必要がある。

　こうして振り返ってみると、ボーアのこの観察には、量子論の基盤となったある発見が捉えられている。対象物の属性と、それらの属性が発現する際の相互作用、さらにはそれらの属性が発現する相手とを分離することはできない。対象物の属性とは、とりもなおさずその対象物が別の対象物に働きかけるあり方であり、現実は、相互作用の網なのだ。量子論は、物理的な世界を確固たる属性を持つ対象物の集まりと捉える視点から、関係の網と捉える視点へとわたしたちを誘う。対象物は、その網の結び目《ノード》なのである。

　ここからさらに、過激な結論が得られる。対象物が相互作用していないときにもその属性が備わっていると考えることは余計であって、誤った印象を与えかねない、というのだ。なぜなら、存在しないものについて語ることになるから。相互作用なくして、属性なし。[56]

　これが、ハイゼンベルクの元々の直観が意味していたことで、電子がまったく相互作用をしていないときの電子の軌道が何であるかを問うことは、無意味なのだ。電子は軌道に沿って動いているわけではない。なぜならその物理的な属性は、電子のほかのものへの働きかけ方、たとえば、電子が相互作用したときに発する光を決めているにすぎないのだから。相互作用をしていない電子に、属性はない。

　これは根本からの跳躍である。すべてのものが、何か別のものへの作用の仕方だけで成り立っているというに等しい。電子がいっさい相互作用をしていないとき、その電子には物理的属性がない。位置もなければ、速度もないのだ。

事実は相対的である

二つ目の結論は、さらに過激である。

みなさん自身が、シュレーディンガーの思考実験の猫だったとしよう。箱に閉じ込められていて、量子的な装置が二分の一の確率で睡眠薬を放出する。このときみなさんには、睡眠薬が発せられたかどうかがわかる。発せられれば眠ってしまうし、発せられなければ起きたままだ。つまりみなさんにとっては、睡眠薬は発せられるか、発せられないかのどちらかで、疑いの余地はない。みなさんに関する限り、寝ているか、起きているかのいずれかで、同時に両方ではあり得ないのだ。

　これに対してわたしはというと、箱の外にいて、睡眠薬の瓶ともみなさんとも相互作用をしていない。この場合は、後で、眠っているみなさんと起きているみなさんとの（量子的）干渉現象を観察することができるようになるかもしれない。わたしが眠っているみなさんや起きているみなさんを見ていたら、決して生じなかったはずの現象を。その意味でわたしにとって、みなさんは眠っても起きてもいない。これが、みなさんが「眠っているのと起きているのとの重ね合わせの状態にある」ということの意味なのだ。

みなさんにとっては、睡眠薬は発せられたか発せられなかったかであり、自分自身は眠っているか起きているかのどちらかだ。わたしにとっては、みなさんは起きても眠ってもいない。つまり「量子的重ね合わせが存在する」。みなさんにすれば、起きている、あるいは起きていない、というのが現実だ。関係論的な視点から見ると、この二つはともに正しいといえる。なぜならそれぞれの状態は、みなさんとわたしという異なる観察者との相互作用に関係しているからだ。

ある事実が、みなさんにとっては現実で、わたしにとっては現実でない、ということがあり得るのか。

思うに、わたしたちは量子論を通して、この問いの答えが肯定的であることを発見した。ある対象物にとって現実であるような事実が、常にほかの対象物にとっても現実であるとは限ら

ない。*[57] ある属性が、一つの石にとっては現実なのに、別の石にとっては現実でない場合があり得るのだ。

3 希薄で曰く言いがたい量子の世界

どうか読者のみなさんが、この直前の微妙でありながら本質的な議論を読み進めるなかで、この本を投げ出したりしておられませんように……。一言でいうと、対象物の属性は相互作用の瞬間にのみ存在するのであって、その属性がある対象物との関係では現実でも、ほかの対象物との関係では現実でない場合がある。

ある種の属性が、別の対象物との関係においてのみ存在すると言われたからといって、決して驚くにはあたらない。その程度のことは、わたしたちもすでに承知しているのだから。たとえば速度は、ある対象物が別の対象物に対して示す属性である。みなさんがフェリーの甲板を歩くとき、そのフェリーに対してはある速度で、流れる水に対してはそれと違う速度で歩くことになる。さらに、地球に対してはそれらと別の速度で、太陽に対してはまた異なる速度で、天の川銀河に対してはさらに違う速度で……というふうにどこまでも際限なく続けることができる。速度は、(それとなく、あるいははっきりと)何に対して考えるのかを定めない限り、存在しない。それは、(みなさんとフェリー、みなさんと地球、みなさんと太陽など)二つの対象物に関する概念なのだ。つまり、何か別のものに対してだけ存在する属性であり、二つの存在の間の関係なのである。

これと似た例はほかにもたくさんある。地球は球だから、「上」と「下」は絶対的な概念ではなく、自分が地球上のどこにいるかによって変わる相対的な属性だ。かと思えばアインシュタインは特殊相対性理論を通して、同時性が相対的な概念であることを発見した。量子論の発見はそれよりほんの少しだけ過激で、この理論によると、あらゆる対象物のあらゆる属性(変数)が、速度のように相対的だということになる。

＊ 量子力学の問題は、そこに含まれる二つの法則が一見矛盾している点にあるが、じつはその一方は「測定」において起きることを記述し、他方は、「ユニタリー発展」、すなわち測定が存在しない場合に何が起きるかを記述している。関係論的な解釈では、これらはともに正しいと考える。第一の法則は、相互作用している系に関連する出来事に注目し、第二の法則は、相互作用していない系に関連する出来事に注目しているのだ。

物理変数は、事物を記述するのではなく、事物の互いに対する発現の仕方を記述する。相互作用が起きていないのに、その変数に値を与えることは無意味なのだ。

Ψという波は、ある出来事がわたしたちとの関係においてどこでどのように起きるかを、確率を使って計算するためのものである。[58] したがってこの波の大きさもまた、視点との関係で決まる。それぞれの対象物が波Ψを一つだけ持っているのではなく、その対象物と相互作用する相手のそれぞれに対して別の波が対応する。ある事物との関係で生じた出来事は、別の事物との関係で生じる出来事の確率に影響を与えない。* つまり「量子的状態」Ψは、常にほかとの関係によって定まる状態なのだ。[59]

この世界は、さまざまな他者との関係によって生じる事実の網であって、それらの関係は、物理的な存在が相互に作用するときに現実のものとなる。石はほかの石に当たり、太陽の光はわたしの肌に届き、読者のみなさんはこの行を読むのである。

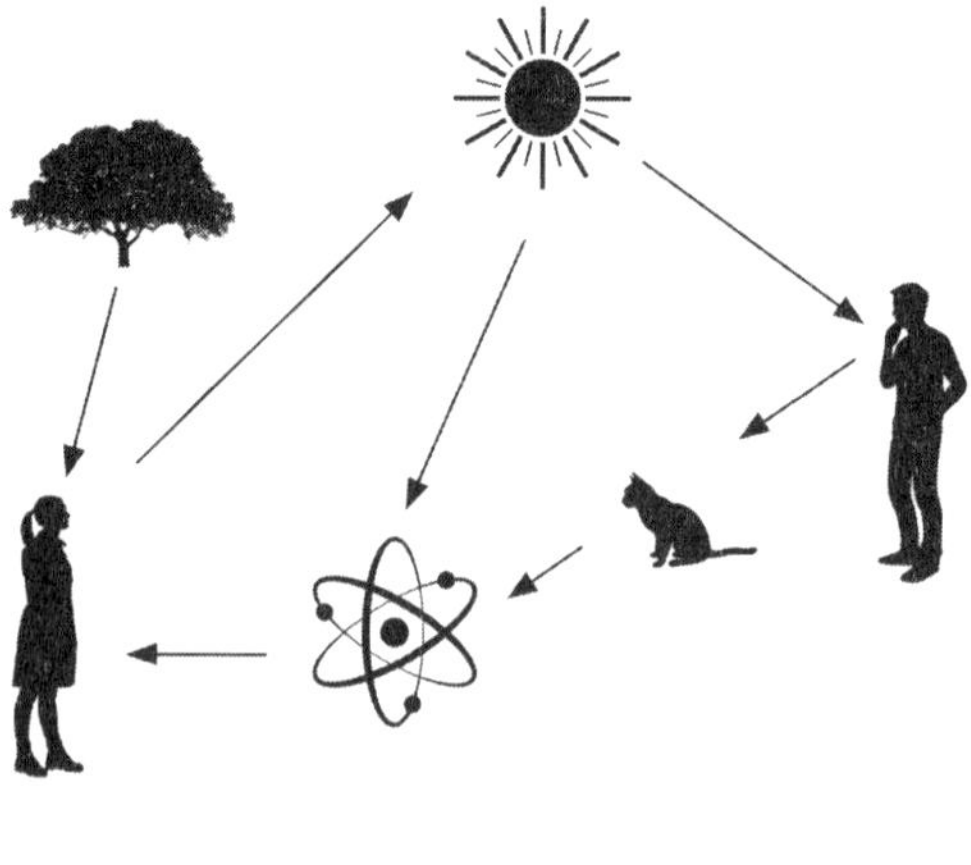

ħħ

このような考察から立ち現れるのは、すかすかした希薄な世界である。そこにあるのは、明確な属性を持つ互いに独立した実体ではなく、ほかとの関係においてのみ、さらには相互作用したときに限って属性や特徴を持つ存在だ。石自体に位置はなく、ぶつかる相手の石に対してだけ位置がある。空自体はいかなる色も持たないが、空を見上げたわたしの目に対しては色を持つ。空の星はまったく独立した存在として輝いているのではなく、その星が属する銀河を形作っている相互作用の網の一つの結び目なのだ……。

量子の世界は、古い物理学が思い描いていた世界よりもはるかに薄く淡く、一時《いっとき》の偶発的で不連続な出来事からできている。ヴェネチアン・レースのようにはかなくも入り組んだ、肌理《きめ》の細かい世界。すべての相互作用は出来事であって、現実を織り上げているのはそれらの軽くはかない出来事なのだ。断じて、わたしたちの哲学がそれらの出来事の裏付けとして措定した、

---

* これが、関係論的な解釈の核となるテクニカルな特徴である。ある系に関して現実となる出来事の確率を決めるのは、同一の系に関して現実となる出来事の関数であるような遷移振幅であって、別の系に関して現実となる出来事の関数であるような遷移振幅ではない。

絶対的な属性を持つ重い事物などではなく。「ホレーシオ、天と地の間には、われらの哲学が思い描くよりもずっとわずかなものしかないのだぞ……」〔シェイクスピア『ハムレット』第一幕第五場のハムレットのセリフ「ずっとたくさんのものがある」のもじり〕

電子の一生は、空間内の一本の線ではなく、一つはここ、もう一つはあそこ、というふうに出来事として出現する点線である。出来事はとびとびで連続しておらず、確率的で相対的だ。アメリカの宇宙論学者アンソニー・アギーレは『宇宙論的な公案』という著書で、人を不安にさせるこの結論を次のように記述している。

　電子とは、わたしたちが測定や観察を行っているときに出現する特殊なタイプの規則性である。それは実体というよりも、むしろパターンなのだ。あるいは、秩序……。このためわたしたちは、奇妙な場所に辿り着く。わたしたちは物を割ってどんどん小さなかけらにしていく。ところがよく見ると、そのかけらはそこにない。ただ、かけらの配置があるだけだ。ということは、船や帆やみなさんの爪といった物はいったい何なのか。それらはいったい何なのだろう。物が、形の形の形の形だとすると、そして形が秩序であり、その秩序を決めるのがわたしたちだとするならば……それらは、わたしたちと宇宙の関係において、わたしたちと宇宙によって作られたものとしてのみ存在し、出現する。仏陀はそれを「空《くう》」と呼んだことだろう。〔60〕

わたしたちは普段の生活で、この世界は堅牢で連続したものだという感じにすっかり慣れ切っているが、じつはそこには現実が粒状であるという事実は反映されていない。しっかりしていると感じるのは、肉眼で巨視的に見ているからだ。白熱球は連続する光ではなく、たくさんのごく小さな光子を発している。小さな規模での現実の世界は連続でも堅牢でもなく、ポツポツとばらけた出来事と、スカスカでてんでんばらばらな相互作用があるだけだ。

シュレーディンガーは猛然と、量子の非連続性に闘いを挑んだ。ボーアのいう量子の飛躍や、ハイゼンベルクの行列の世界と闘って、古典物理学の直観がもたらす連続的な現実像を守ろうとした。しかし一九二〇年代の衝突から数十年が経つ頃には、そのシュレーディンガーも結局は負けを認めた。前に〔第一章2節で〕引用した記述（「波動力学を生み出した人物はほんの一瞬、量子の理論から不連続性を拭い去ることができた、という幻想を抱いた」）に続く彼の言葉はきわめて明快で、決定的である。

……粒子を永続的な実体と考えるのではなく、束の間の出来事と考えたほうがよい。それらの出来事は時には鎖をなし、永続的であるかのような幻想を与えるが、それは特別な状況でのことであって、各事例のなかのきわめて短い時間に限られる。[61]

ħħ

第二章でざっと紹介した多世界や隠れた変数による量子論の解釈は、わたしたちが見ているものの向こうにさらなる現実を付け足して、この世界を「満たそう」とする。そうすれば古典世界の「充足感」を取り戻して量子の不確定性を厄介払いできるから。しかしその代わりに、目に見えないもので満ち満ちた世界を前提とする必要が生じる。これに対して関係論の視点では、わたしたちの手元にあるもっとも優れた理論である量子論を、この世界の素描のような記述も含めてあるがままに受け止め、QBイズムと同じように、その不確定性を受け入れる。*ただし、QBイズムが量子論を主体の持っている情報の視点から解釈するのに対して、関係論的解釈は世界の構造の視点から解釈する。

量子論を理解するには、自分たちが現実を理解するために用いている文法のほうに手を加える必要がある。ちょうどアナクシマンドロスが、地球の真の形からいって「上」や「下」が何かという概念の文法が変わることを悟ったときのように。[62] 対象物は、相互作用したときに何らかの値を取る変数によって記述され、その値はほかでもない相互作用の相手との関係で決まる。ピランデルロがいうように、一つの存在は、一つであり、どれでもなく、十万なのだ。

こうして世界は粉々になり、さまざまな視点の戯れとなって、大局的な唯一の視点の存在は、許されなくなる。それはさまざまな視点の世界、さまざまな発現の世界であって、確たる属性を持った実体や、一意的な事実の世界ではない。属性は対象物のうちにあるのではなく、対象物の間にかかる橋なのだ。対象物は、ほかの対象物との関係においてのみその属性を有し、橋と橋が出合う節《ノード》になっている。この世界はさまざまな視点のゲーム、互いが互いの反射としてしか存在しない鏡の戯れなのだ。

この幻のような量子の世界が、わたしたちの世界なのである。

＊ 多世界の解釈によると、わたしが何か出来事を観察するたびに、異なるものを観察している「別の自分」ができる。ボームの隠れた変数の理論によると、Ψの二つの部分のうちの片方だけがわたしを含み、もう一つは空《から》である。関係論的な解釈では、自分が観察するものと、ほかの観察者が観察するものを切り離す。もしもわたしが猫であれば、わたしは目覚めているか眠っているかのどちらかだが、それによって干渉現象が妨げられるわけではない。なぜならほかの観察者にとっては、そのような干渉を制限する形で具体化する現実の要素が存在しないからだ。わたしが行った観察は、わたしと関係する出来事であって、ほかの観察者と関係する出来事ではない。

第四章 現実を織りなす関係の網

事物がいかに語り合うのかについての話。

1 エンタングルメント

事物がおおもとのところで互いに依存し合っていることを具体的に表す、きわめて微妙で魅力的な量子現象がある。夢のように魅惑的なその現象の名は、量子もつれ《エンタングルメント》。

エンタングルメントは、あまたある奇妙な量子現象のなかでももっとも奇妙な現象で、わたしたちを、この世界に関する旧来の理解からさらに遠ざける。だがそれは、ある意味で現実の構造自体を編み上げる普遍的なものでもある。

この現象では、遠く隔たった二つのものが、あたかも語り合っているかのようにある種の奇妙なつながりを保つ。このときそれらは「エンタングル状態にある」、つまりもつれているという。まるで、遠く離れていても互いの考えがわかる恋人のようだが、この現象は、実験室できちんと確認されている。たとえばジュエン・インが率いる中国の科学者グループは、ミシウス〔中国語で墨子〕という人工衛星で二つの光子をもつれさせ、その状態を保ったまま地球上の互いに千キロ以上離れた二つの観測拠点に送ることに成功している。[63]

では、これからその仕組みを見ていこう。

まず、もつれている二つの光子には「相関」という特徴がある。片方が赤ければもう片方も赤く、片方が青ならもう片方も青いのだ。ここまでは、何の不思議もない。ちなみに、一対の手袋をばらばらにして、片方をウィーンへ、もう片方を北京に送ると、ウィーンに届いた手袋と北京に届いた手袋は同じ色になる。つまり、これらは相関しているのだ。

ところが、量子的な重ね合わせの状態にある一対のもつれた光子をウィーンと北京に一つずつ送ると、奇妙なことが起きる。たとえば二つの光子は、両方とも赤であるような状態と、両方とも青であるような状態の重ね合わせになっているかもしれない。さらにそれぞれの光子は、観察された瞬間に、赤か青かが判明する。ところが片方が青だということがわかると、遠くにあるもう片方もまた青なのだ。

なぜ、両方とも同じ色になるのか。そこが問題だ。量子論によると、相互作用がない限り、二つの光子は赤にも青にも決まらない。わたしたちがその光子を見た瞬間にランダムに色が決まる、というのがこの理論の主張なのだ。しかしその場合、なぜ北京でランダムに決まる色が、結果としてウィーンでランダムに決まる色と同じになり得るのか。わたしが北京で硬貨を一つ、ウィーンで硬貨をもう一つ投げ上げるとき、その結果は互いに独立で、相関しない。北京で表が出るたびにウィーンでも表が出るような仕組みは存在しないのだ。

考え得る説明は、二つしかなさそうに見える。第一に、片方の光子の色についてのシグナルが、はるか遠くにあるもう片方の光子に途方もない速さで伝わるという解釈。つまり、片方の光子が青と赤のどちらになるかを決めたとたんに、その決定が何らかの形で即座に遠くにいる兄弟に伝わるのだ。第二に、これよりは合理的な説明として、じつは分かれる瞬間には色が決まっていた、ということが考えられる。わたしたちは気づいていなかったが、手袋の場合と同じことが起きていたのだ（アインシュタインは、この説明が正しいと考えていた）。

ところがこの二つの説明は、いずれも破綻する。第一の説明が正しいとすると、とんでもなく離れた場所の間でとんでもなく高速に意思を伝達できることになるが、これは、時空の構造に関するあらゆる知識に反する。そんな高速の信号はあり得ない。事実、エンタングル状態にあるものを使って信号を送る方法はない。したがってこの相関は、迅速な信号の伝播とは無関係なのだ。

もう一つの可能性も、結局は除外されることとなった。一対の手袋と違って、光子は、遠く隔たる前に両方が同時に赤、あるいは青になることを「知って」はいなかった。この可能性を否定する鋭い考察を展開したのは、北アイルランドはベルファストの物理学者、ジョン・ベルだった。一九六四年にみごとな論文をまとめ、そこで鋭い考察を展開したのである。[64] ベルの専門は素粒子物理学および粒子加速器の設計であって、本人にすれば、あくまでも個人的な関心から量子論を理解しようとしただけのこと。それに当時は、この問題に関心を持つ人はほとんどいなかった。それでもベルの名が今日まで残っているのは、量子力学の基礎に関するこの功績のおかげなのだ。

ベルは、優美で精妙できわめて技巧的な推論を駆使して、二つの光子の相関する属性がすべて（観察された瞬間に偶然決まるのではなく）分かれる瞬間に決まっていたとすると、そこから、実際に観察される事柄と矛盾する（今日ベルの不等式と呼ばれている）厳密な結果がもたらされることを示してみせた。つまり二つの光子の相関は、決してはじめから決まっていたわけではないのだ。[65]

これではまるで、解けないパズルではないか。エンタングル状態にある二つの粒子はどのようにして、事前に合意もせず、メッセージをやり取りすることもなく、同じ決断を下せるのか。何がこの二つをつないでいるのだろう。

以前わが友リー・スモーリンから聞いたのだが、若かりし頃にエンタングルメントについて学んだリーは、その後何時間もベッドに寝転がって、天井を眺めていたという。自分の体を構成する原子の一つ一つが、過去のどこかの時点で宇宙にあるほかのたくさんの原子と相互作用してきたはずなんだ……と思いを巡らしながら。自分の体のすべての原子が、この銀河の至るところに散らばっている何百万もの原子とエンタングル状態にある……ということは、自分は宇宙と結びついているんだ、と感じたという。

エンタングルメントという現象一つを見ても、現実がわたしたちの考えてきたものとまるで違うことがよくわかる。たとえある対象物ともう一つの対象物について予測し得ることがすべてわかっていたとしても、それら二つの対象物からなる系全体について、すべてを予測することはできない。[66] 二つの対象物の関係は、どちらか片方のなかに丸ごと含まれているわけではなく、それとは別の何かなのだ。[67]

宇宙のあらゆる構成要素が互いにつながっているというこの事実を前に、わたしたちはただとまどうばかりだ。

ここで、先ほどの謎に戻ることにしよう。エンタングル状態にある二つの粒子は、前もって取り決めるでもなく、遠隔コミュニケーションを取るでもなく、どうやって同じように振る舞うのだろう。

関係論的な視点に立つと、ある答えが得られるのだが、そこからさらに、この視点がいかに過激なのかが見えてくる。

その答えを知るには、対象物の属性は別の対象物との関係においてのみ存在する、ということを思い出せばよい。北京で光子の色を測定すると、北京との関係での色が決まる。しかしそれは、ウィーンとの関係での色ではない。そしてまた、その逆も正しい。二ヶ所で測定が行われるその瞬間に二つの光子の色を目にする物理的な対象物は存在しないのだから、その二つの結果が同じかどうかを問うことには意味がない。二つの光子の色が同じであるという現象が発現する（つまり二つの光子と同時に相互作用する）相手が存在しない以上、無意味なのだ。

神だけはまったく同時に二ヶ所を見ることができるが、たとえ神が存在したとしても、その神は自分が見たものをわたしたちに教えてくれない。神に見えているものと現実は、無関係なのだ。神に見えるからといって、それが確かに存在するとはいえない。わたしたちは、両方の色が存在すると決めてかかるわけにいかない。なぜなら、それとの関係で両方の色が同時に決まる相手がいないのだから。何かとの関係で存在する属性だけが現実なのだが、二つの色の組み合わせは、何かとの関係で存在しているわけではない。

わたしたちは、北京とウィーンの二つの観測結果を比べることができる。しかしそれには、信号をやり取りしなくてはならない。研究所の間でメールをやり取りしたり、電話をかけたり。だがメールの送信には時間がかかるし、電話の声が届くのにも時間がかかる。この世界には瞬間移動できるものは存在せず、信号のやり取り自体が相互作用だから、これによって新たな現実の要素が生じることになる。

北京の観測結果がメールか電話でウィーンに届いたとき、そこではじめて、そのときに限って、その結果はウィーンにとっても現実になる。ところがその時点では、もはや謎の遠隔信号は存在しなくなっている。北京の光子の色は、その情報を含む信号がウィーンに届いた時点ではじめて、ウィーンに対して具体化するのだ。

北京で観測が行われたその瞬間、ウィーンとの関係では、すべてが量子的重ね合わせの状態のままだ。測定を行っている装置、データを読み取る科学者、彼らがメモを取っているノート、測定結果を書き記したメッセージ、それらすべてが量子的な対象物なのだ。北京の人々がウィーンに連絡するまでは、ウィーンとの関係でのそれらの状態は定まっていない。ウィーンにとっては、すべてが目覚めながら眠っている重ね合わせの猫のようなもので、観測結果が青という状況と赤という状況の量子的重ね合わせになっている。

北京との関係ではこの逆が成り立ち、どちらの側にとっても、信号が届くまでは相関が実現しない。こう考えると、摩訶不思議な信号のやり取りや結果の先取りを持ち出さなくても、この相関を理解することができる。

これが先ほどの謎の答えなのだが、これには当然代償が伴う。というのも、普遍的な事実の集合がいっさい存在しなくなるのだ。北京にとっての事実と、ウィーンにとっての事実は存在するが、それらは一致しない。ある観察者にとっての事実は、別の観察者にとっての事実ではない。これは、現実に存在する事物、すなわち「実在」の相対性を示す顕著な例なのだ。

二つの対象物の全体としての属性は、三つ目の対象物との関係においてのみ存在する。二つの対象物が相関しているという言いまわしは、三つ目の対象物に関する事柄を表しているのだ。相関は、相関する二つの対象物が、いずれも第三の対象物と相互作用するときに発現するのであって、第三の対象物はそれを確認することができる。

エンタングル状態にある二つの対象物の間の遠隔コミュニケーションらしきものによって一見矛盾のようなものが生じるのは、相関が現実のものになるには両方の系と相互作用する第三の対象物が存在しなければならない、という事実を無視しているからなのだ。発現する事柄はすべて、何かとの関係において発現する。二つの対象物の相関はそれらの対象物の属性であって、およそ属性なるものの例に漏れず、さらなる第三の対象物との関係においてのみ存在する。

エンタングルメントは、二人で踊るダンスではなく、三人で踊るダンスなのである。

2 三人一組の踊りが織りなすこの世界の関係

ツァイリンガーが一つの光子を見て、光が赤いことを知る。温度計でケーキの温度が測定される。測定は、ある対象物（光子やケーキ）と別の対象物（ツァイリンガーや温度計）の相互作用である。相互作用が終わった時点で、一方の対象物はもう一方の対象物についての情報を得る。温度計は、焼いているケーキの温度に関する情報を得るが、これはつまり、温度計とケーキに相関があるということだ。測定が終わって、もしもケーキが冷たければ、温度計は冷たいということを示す（水銀柱は低くなる）し、ケーキが熱ければ、温度計は熱いということを示す（水銀柱は高くなる）。温度と温度計は、ちょうど二つの光子のように相関しているのだ。

今、ケーキが異なる温度の量子的重ね合わせの状態にあったとして、ケーキは相互作用を通じて温度計に対しては、その属性の一つ（温度）を示すことになるが、この相互作用に関わりのない第三の物理系に対しては、いっさい属性を示していない。つまりそれらの物理系にとって、ケーキと温度計はエンタングル状態になっているのだ。

まさにこれがシュレーディンガーの猫に起きたことで、猫にとっては睡眠薬は発せられたか発せられていないかのいずれかだが、まだ箱を開けていないわたしにとって、睡眠薬の瓶と猫はエンタングル状態にあった。つまり、睡眠薬の放出＝眠った猫と、睡眠薬の非放出＝起きている猫の、量子的重ね合わせ状態にあったのだ。

したがって、エンタングルメントは特別な状況においてのみ生じる珍しい現象どころか、相互作用を外側の系との関係で考えると、広くすべての相互作用で生じていることなのだ。外部の視点から見ると、ある対象物の別の対象物に対する発現――つまり属性は、とりもなおさず相関であって、ある対象物と別の対象物のエンタングルメントなのである。

早い話がエンタングルメントとは、現実を織りなしている関係そのものを外から見た姿、つまり相互作用の過程における一つの対象物の別の対象物に対する発現であって、対象物の属性は、その相互作用によって現実となるのだ。

ῃῃ

みなさんが一匹の蝶を見て、その翅《はね》の色を知ったとする。このときわたしとの関連では、みなさんと蝶の間に一つの関係が確立されたことになる。つまり、みなさんとその蝶はエンタングル状態になったのだ。たとえ蝶がみなさんから離れていったとしても、わたしがその翅の色を見て、みなさんが見たのは何色だったかと尋ねたときにその答えが一致する、という事実は残る……たとえその蝶が別の色であるような状況（配位）との間で微妙な干渉が生じる可能性がゼロでなかったとしても……。

外から見ると、わたしたちが持っているこの世界についての情報すべてが、これらの相関のなかにある。あらゆる属性は関係のなかで定まるから、この世界のすべてが、ほかならぬこのエンタングルメントの網のなかにあるわけだ。

ただしこの狂騒にも、秩序がないわけではない。もしも、みなさんがその蝶の翅を見たことをわたしが知っており、みなさんから翅は青かったと聞かされたとすると、自分の目にも蝶の翅は青く映るはずだとわかる。属性は相対的なものであるにもかかわらず、量子論はそう予言している。[68]属性があくまでほかとの関係によって定まる、という事実によって視点は細かく砕け、それによってもたらされた多様な視点が、今度はこの整合性によって修復されて、筋の通ったものになる。量子論の文法には本来こうした整合性が備わっているのである。[69]この整合性にもとづいて間主観性〔二人以上の人間に合意や共通の認識基盤が成り立っている状態〕が生まれるのであって、わたしたちが共有するこの世界の像の客観性は、そこに立脚している。

その蝶の翅の色は、わたしたち全員にとって同じなのである。

3 情報

第二部を締めくくるにあたって、量子論における情報の役割について一言述べておきたい。言葉は、決して厳密ではない。多種多様な意味の雲をまとっているからこそ、言葉による表現には力がある。しかしその雲はまた、混乱を生み出す。「なぜならみなさんは、言葉が二つの意味を持つ場合があるのをご存じだから」。数行前でわたしが使った「情報」という言葉もじつに曖昧で、文脈が異なるとまるで違った意味になる。

情報という言葉は、何か意味があるものを指して使われることが多い。わたしたちの父からの手紙は「情報に富んでいる」。このタイプの情報を解読するには、手紙の文の意味を理解する知性が必要だ。これは「意味論的」な情報の概念であって、意味と結びついている。

ところが同じ「情報」という言葉が、はるかに単純で「意味論」や知性とはまったく無関係なことを表すときにも使われる。これは直接物理学に由来する使い方で、物理学では、意味や知性を語らない。先ほど、温度計がケーキの温度に関する「情報を持っている」と述べたときの「情報」がまさにこれで、あの場合は、ケーキが冷たければ温度計は冷たいという事実を示し、熱ければ熱いという事実を示す、といいたかっただけのこと。

これが、物理学で「情報」という言葉が使われる際の単純で一般的な意味なのだ。硬貨を二枚投げ上げると、あり得る結果は（表—表、表—裏、裏—表、裏—裏の）四通り。ところがその二枚の硬貨を、両方とも表を上にして一枚の透明なプラスチックの切れ端に貼り付け、その切れ端を投げ上げてみると、あり得る結果はもはや四通りではなく、表—表か裏—裏の二通りになる。片方の硬貨の表が出ているということは、もう片方も表が出ているということなのだ。物理学の用語を使うと、二つの硬貨の面は「相関している」。あるいは、二つの硬貨の面が「互いに関する情報を持っている」ということになる。つまり、片方の硬貨を見れば、もう片方についての「情報が得られる」のだ。*

この意味である物理変数が別の物理変数に関する「情報を持っている」ということは、単に（共通の歴史、物理的なつながり、プラスチックの切れ端への接着といった）ある種の結びつきがあって、そのため片方の変数の値がもう片方の値に関する何らかの結論を含んでいる、ということでしかない。[70] これが、今ここでわたしが使っている「情報」という言葉の意味なのだ。

わたしがこの本で情報について語ることをためらったのは、情報という言葉があまりに曖昧だからである。誰もが直感的に「情報」という言葉を好きなように読み取ってしまうきらいがあり、これでは理解に支障をきたしてしまう。それでもあえて情報に触れることにしたのは、量子にとって情報が重要な概念であるからだ。読者のみなさんにはどうかくれぐれも、この本では「情報」という言葉を物理学の意味で使っているのであって、意味や知性とは関係ない、ということをお忘れなきよう。

こうして、一つの論点が明確になる。量子物理学を、系が互いについて持っている（今大まかに述べた意味での）情報の理論と捉えることが可能なのだ。これまで見てきたように、対象物の属性を二つの対象物の相関の確立、あるいはむしろ片方の対象物がもう片方について有する情報、と見なすことができる。

これは、古典物理学についてもいえて、しかも情報という視点に立つと、古典力学と量子力学の違いを的確に指摘することができる。その差異を、量子力学を古典力学とは根本的に異なるものにしている二つの一般的事実としてまとめ、量子の新しさを要約することができるのだ。[71]

（1）ある対象物に関連する情報の最大量は有限である。[72]

（2）いかなる対象物に関しても、常に新たに関連する情報を得ることができる。

＊ 二つの変数が取り得る状態の数〔この場合は2〕が、それぞれの変数が取り得る状態の数の積〔2×2＝4〕より少ないとき、二つの変数は相対情報を持っている、という。

この二つの事実はきわめて基本的な前提条件なので、「公準」と呼ぶことにする。ところがこれらは、一見矛盾しているように思われる。情報が有限でありながら、必ず新たな情報を得られるとは、いったいどういうことなのか。しかし、この矛盾は単なる見せかけだ。なぜならこれらの公準は、「関連する《レリバント》」情報について述べているからだ。関連する情報とは、その対象物の将来の振る舞いを予測するうえで価値がある情報のことだ。新しい情報が手に入ると、古い情報の一部は「関連がなくなる」。つまり、その対象物の将来の振る舞いについて語れることに影響しなくなるのだ。[73]

量子論は、煎じ詰めればこの二つの公準に帰着する。[74] ということで、なぜそういえるのかを見ていこう。

（1）情報は有限である：ハイゼンベルクの原理

一つの事物を記述するすべての物理変数を、どこまでも正確に知り得たとすると、無限の情報を手にすることになる。だが実際にはそんなことは不可能で、その限界はプランク定数$\hbar$によって定められている。[75] これがプランク定数の意味であって、この定数は、わたしたちが物理変数をどこまで確定できるのか、その限界を示している。

ハイゼンベルクがこのきわめて重要な事実を明らかにしたのは、量子論を考えついた直後の一九二七年のことだった。[76] 対象物の位置に関する情報の精度（この場合は粗さ、つまり誤差）がΔXで、その速度（に質量をかけた量＝運動量）に関する情報の精度がΔPだとすると、これら二つの精度をいっせいに好きなだけ高める（つまり誤差の値を好きなだけ小さくする）ことはできない。二つの値をともにどこまでもゼロに近づけることは不可能なのだ。その積をある最小値――具体的にはプランク定数の二分の一――より小さくすることはできない。これを式で表すと、

$$\Delta X\,\Delta P \geq \hbar/2$$

となる。

この式は、「デルタXとデルタPの積は、常にエイチ・バーの半分より大きいかまたは等しい」と読む。現実のこの一般的な属性は「ハイゼンベルクの不確定性原理」と呼ばれており、あらゆる事物に当てはまる。

ここからすぐに、粒状性が結論される。たとえば光は、光子と呼ばれる光の粒からなっているといえる。なぜならこれよりも小さなエネルギーの包みがあるとすると、この原理に背くことになるからだ。（光にとってのXとPに相当する）電場と磁場がともにきちんと確定することになって、第一の公準に反してしまう。

（2）情報は無尽蔵である：非可換性

不確定性原理があるからといって、粒子の位置をきわめて厳密に測ってから、速度をきわめて厳密に測ることができないわけではない。測定は可能だ。ただし、二つ目の測定が終わったときには、粒子はもはや同じ位置にはない。速度を測ったことで位置についての情報が失われ、このため再度測定すると、位置が変わってしまっていることが判明するのだ。

これは二つ目の公準から導かれる事実で、二つ目の公準によると、ある対象物についての情報を最大限集めたとしても、思いもよらない何かがわかる可能性は残る。未来は、過去によって決まらない。この世界は確率的なのだ。

Pを測るとXは変わるから、Xを測ってからPを測ったときと、Pを測ってからXを測ったときでは、結果が異なる。したがって量子論の数学では、「まずXをしてからPをする」のと「まずPをしてからXをする」のは必然的に異なる。[77] つまり、順序が効いてくる、ということで、これがまさに行列を特徴付ける性質なのだ。[78] みなさんは、量子論が唯一持ち込んだ新しい方程式を覚えておいでだろうか。

$$XP-PX=i\hbar$$

この式は、まさに順序の重要性を語っている。「まずXをしてからP」と「まずPをしてからX」は違う。どれくらい違うかというと、プランク定数によって定まる量〔$i\hbar$〕のぶんだけ違う。つまり、量子現象規模の差が生じるのであって、だからこそハイゼンベルクの行列が有効なのだ。行列を使うと、情報が獲得される順序を考えに入れることができる。

今あげた式から二、三の段階を踏めば一一三ページの不等式、すなわちハイゼンベルクの原理が導かれるから、すべてがこの式に集約されているといってよい。量子論の二つの公準を数学の言葉に翻訳すると、この一本の式になるわけで、逆にいうと、この式の物理的な意味を表しているのが、先ほどの二つの公準なのだ。

ディラック版の量子論になると行列すらも不要となり、「非可換な変数」、つまり右の方程式を使いさえすれば、すべてが手に入る。物理理論を書くときのディラックはいわば詩人で、あらゆるものを極端なまでに単純化した。「非可換」というのは、勝手に順序を取り換えることはできないということだ。ディラックは非可換な変数、すなわちこの式で定義される量を「q数」と呼んだ。ちなみに数学では、「非可換代数」というもったいぶった名前が付いている。

みなさんは、わたしが量子現象の最初の例として紹介した、ツァイリンガーの光子を覚えておいでだろうか。あの場合、光子は「右か左」を通ることができて、「上か下」に到達した。だからその振る舞いを、「右」か「左」の値を取るXと、「上」か「下」の値を取るPの二つの変数を使って記述することができる。これらの変数は、粒子の位置と速度と同様、順序をひっくり返すことができない。つまり、両方を同時に確定することができないのだ。だからこそ、どちらか片方の経路を閉ざして第一の変数（「右」か「左」）を決めると、二つ目の変数が不定になって、光子はでたらめに「上」にいったり「下」にいったりする。この逆もいえて、二つ目の変数を確定する――つまり光子がすべて「下」にいくようにする――には、第一の変数を不定にする必要がある。ということは、光子は「右」と「左」の両方の経路を辿らなければならない。この現象全体が、二つの変数は「交換できない」（非可換だ）と主張する一本の式の結果であって、そのため両方を確定することは不可能なのだ。

ﾙﾙ

量子論の核をとことん凝縮すると、たった一本の方程式で表すことができる。その方程式によると、この世界は連続的ではなく、粒状である。その粒はごく小さいが、それにも限度があって、事物は無限に小さくはなれない。もう一つ、未来は現在によって決まるわけではない。また、物理的なものは、別の物理的なものに対してのみ属性を持つ。つまりそれらの属性は、もの同士が相互作用したときに限って意味を持つ。さらにその式によると、さまざまな視点を矛盾なく並列することができない場合がある。

日々の生活のなかで、わたしたちはこういったことにまったく気づかない。なぜなら量子干渉が、肉眼で見える世界のざわめきに搔き消されてしまうからだ。それらの現象を明らかにするには、対象物を可能な限り孤立させ、細心の注意を払って観察しなければならない。[79] 本物の量子現象をはっきり見るには、対象物をできるだけ孤立させる必要があるのだ。

　干渉が観察されなければ、量子的重ね合わせを無視することができて、自分たちが無知なのだと解釈し直すことができる。猫が眠っているか起きているかを知らないだけだ、と考えてかまわないのだ。なぜ量子的重ね合わせの存在を無視できるのかというと、「量子的重ね合わせ」の存在は――この点がよく混同されるので、あえて強調しておくが――それによる干渉の存在を通してしか知り得ないからだ。ところが起きている猫と眠っている猫の干渉という繊細な現象は、わたしたちを囲むこの世界の騒音に紛れてしまう。そして干渉が紛れれば、わたしたちは事実を確固たるものとして捉えることができる。つまり、その事実が別の対象物との関係でのみ正しい、ということを忘れられるのだ。[80]

　さらにいえば、この世界を人間の尺度で観察している間は、この世界の粒状性は見えてこない。単体の分子は目に見えず、丸ごとの猫は目に見える。〔人間の尺度での対象物は当然規模が大きくなり〕あまりに多くの変数が関わってくるので、揺らぎは重要でなくなり、確率は確定に近づく。[81] たえず揺らぎ攪拌《かくはん》されている量子世界では無数の不連続な出来事が生じているが、わたしたちはそれらを、日々経験する連続的できちんと値が定まるわずかな変数に帰着させる。わたしたちの肉眼に映るこの世界は、月から眺めた地球の荒海のようなもので、のぺっとした青いビー玉にしか見えない。

だからこそ、量子的世界はわたしたちの日々の経験と矛盾なく両立する。量子論には、似姿としてのわたしたちの普段の世界像と古典力学が織り込まれている。そして、目のよい人に近視の人の経験が理解できるように、わたしたちはそのことが理解できる。ところが分子の規模になると、ナイフの鋭い刃もでこぼこになり、嵐のただなかで白砂の浜辺に砕ける大海の縁のようにはっきりしないものになる。

この世界の古典的な描像が堅固であるのは、ひとえにわたしたちが近視だからだ。古典力学における必然は、ただの確率。古い物理学が提供してきた明瞭で確固とした世界像は、じつは幻なのだ。

44

一九四七年四月十八日、イギリス海軍は聖なる島、ヘルゴラント島において、ドイツ軍が遺棄した軍需品の残りである三千九百九十七トンのダイナマイトを爆発させた。従来型の爆薬では最大規模ともいわれるこの爆発によって、ヘルゴラント島はすっかり荒廃した。まるで人類が、ある若き物理学者がこの島で作った現実の綻びを帳消しにしようと試みたかのようだった。

だが、その綻びを消し去ることはできなかった。そこから始まった概念の爆発は、数千トンのＴＮＴ火薬をはるかに凌ぐ破壊力で、わたしたちが知っていた現実の枠組み自体を粉々にした。

この成り行き全体に、どこか人をまごつかせるところがある。無限に参照を繰り返すうちに、自分たちの指の間から現実の強固な基盤が消え失せていくような……。

わたしはキーボードを打つのをやめて、窓の外に目をやる。あたりには、まだ雪が残っている。ここカナダの春は遅い。部屋の暖炉には火が熾《おこ》してある。立ち上がって、薪をもう一本足さなくては。今わたしは、現実の本性について書いている。ふと暖炉の火をのぞき込んで、どの現実のことを書いているのだろう、と考える。あの雪のことか。この揺らめく炎か。それとも、さまざまな本で読んできた現実なのか。ひょっとして、この肌に伝わる暖炉の熱、名状しがたいオレンジ色にゆらめく炎、薄暮にならんとするかすかに白みを帯びた青空のことを語ろうとしているだけなのか。

束の間、そのような感覚までが溶け去る。目を閉じると、生き生きとした色の輝かしい塊がカーテンのように割れて、そこに落ちていくのを感じる。これもまた、現実なのだろうか。紫やオレンジの形が踊っているが、もはやわたしはそこにはいない。

お茶をひとすすりして、火を掻き立て、そして笑みを浮かべる。わたしたちはさまざまな色が織りなす不確かな海へとこぎ出しており、手元には、方向を定めるための優れた地図がある。しかしわたしたちの頭のなかの地図と現実の間には、大きな隔たりがある。ちょうど、船乗りの手にした航海図とカモメが叫び声を上げながら舞い飛ぶ断崖に白く砕ける荒波の間に大きな隔たりがあるように。

わたしたちの精神、このもろい網は、摩訶不思議な光があふれる万華鏡の無数の謎を抜けて進むための不様な装置でしかない。わたしたちは、自分がその万華鏡のなかにいるということに驚嘆して、それを世界と呼んでいるのだが……。

何の疑問も持たず、ひたすら手元の地図を信じてその世界を進むこともできる。結局のところ、それでも十分よく生きられるのだから。口を噤《つぐ》んで、その光と無限の美しさにひたすら圧倒されていることもできる。かと思えば、辛抱強く机に向かって、ろうそくを点したり、マックブック・エアの電源を入れたり、実験室に行って友や論敵と議論を交わし、聖なる島に引きこもって計算をしたり、夜明けに岩によじ登ったりすることもできる。あるいはお茶をすすり、暖炉の火を搔き立ててから、さらなる真理のかけらを幾粒か、ともに理解しようと再びキーボードを打ち始めることもできる。既存の海図を手に取り、少しでもよいものにしようと試みるのだ。今一度、自然について考え直すために。

第三部

第五章

立ち現れる相手なくして、明瞭な記述はない

今まで論じてきたあらゆることが自分たちの現実の見方にとってどのような意味を持つのかを自問してみると、新たな概念であるはずの量子論が、結局はそれほど新しくないことがわかる。

1 ボグダーノフとレーニン

ロシア第一革命の失敗から四年が経ち、十月革命〔ボリシェヴィキ革命とも〕の成功まで八年の年月を残す一九〇九年に、ウラジーミル・レーニンは「V・イリイン」という筆名で、そのもっとも哲学的な著作とされる『唯物論と経験批判論――ある反動哲学に関する批判的な覚え書

き』を発表した。[82]ボルシェヴィキの共同設立者で主たる思想家でもあった昨日の友、アレクサンドル・ボグダーノフを暗黙の政治的標的とした著作である。[83]

ボグダーノフはロシア第一革命の前の一九〇四年から一九〇六年にかけて、三巻にわたる著作を発表していた。[84]そこでは、経験批判論と呼ばれる哲学的立場を参照しつつ、革命運動の一般的な理論基盤が展開されていた。[85]しかるにレーニンは、ボグダーノフを真のライバルと見なし始め、そのイデオロギーの影響力を恐れるようになった。そして『唯物論と経験批判論』のなかで、経験批判論を「反動哲学」として激しく非難し、自らが唯物論と呼ぶものを擁護したのだった。

「経験批判論」、エルンスト・マッハは自分の考えをそう呼んでいた。みなさんは、第一章で登場したエルンスト・マッハを覚えておいでだろうか。彼はアインシュタインやハイゼンベルクにとって、哲学的な刺激の源だった。

マッハは系統立った哲学者ではなく、その仕事は時として明晰さに欠けていた。だとしても、マッハが同時代の文化に与えた影響の広さと深さは、これまであまりにも軽んじられてきたのではなかろうか。[86]二十世紀物理学の二つの偉大な革命、相対性理論と量子論は、マッハの影響を受けて始まった。さらにマッハは、知覚の科学的研究の誕生にもじかに一役買っていた。そのうえ、ロシア革命へとつながる政治哲学論争のまっただ中にいたのである。マッハはウィーン学団（正式名称は「エルンスト・マッハ協会」）の創始者たちに決定的な影響を及ぼし、そのような哲学的土壌から生まれた論理実証主義は、現代科学哲学の大きなルーツとなった。その「反形而上学的」論法は、マッハから直接受け継がれたものなのである。そしてマッハの直接の影響は、今日の分析哲学のもう一つのルーツであるアメリカのプラグマティズムにまで及んでいる。

しかもマッハは、文学にも足跡を残している。実際、二十世紀のもっとも傑出した小説家の一人であるロベルト・ムージルは、その博士論文でエルンスト・マッハの著書を取り上げた。そして最初の作品である『寄宿生テルレスの混乱』（一九〇六年）では、ある激論のなかで主人公に、自身の博士論文のテーマだった「世界の科学的読み取り」の意味を語らせた。さらに、その主著たる『特性のない男』（一九三〇―四三年）では、冒頭からそのような問題意識が透けて見えており、実際その本文は、あるよく晴れた日の巧みな二重記述――科学的な記述と日常的な記述――から始まっている。[87]

マッハが物理学の革命に与えた影響は、おおむね個人を介してのものだった。マッハはヴォルフガング・パウリの父の古くからの友人であり、パウリの名付け親で、ハイゼンベルクはそのパウリと哲学を論じていた。チューリッヒにおけるアインシュタインの友人で学友でもあったフリードリッヒ・アドラーは、オーストリア社会民主労働党の共同創設者の息子で、マッハとマルクスの思想を融合させようとした。アドラーは、後に社会民主労働党の指導者となり、オーストリアの第一次大戦への参戦に抵抗して、ついには首相であるカール・フォン・シュテ

ルクを暗殺する。そして獄中では、ほかでもないエルンスト・マッハについての著作をまとめたのだった。〔88〕

エルンスト・マッハは、科学と政治と哲学と文学の瞠目《どうもく》すべき交叉点だった。しかるに今なお、自然科学と人文科学と文学は互いになんの関わりもない、と考える人がいるとは……。

マッハが論争の主な標的としたのは、十八世紀の機械論だった。あらゆる現象が空間を移動する物質の粒子によって引き起こされている、とする立場である。マッハは、科学が発展したことで、この「物質」という概念が不当な「形而上学的」前提であることが判明した、と主張する。確かに機械論的物質観はしばらくの間は有効なモデルだったが、それを形而上学的先入観にしないためにも、わたしたちはそこから脱け出す術を学ばねばならない、というのである。科学はすべての「形而上学的」前提から解放されるべきで、知識はひとえに「オブザーバブル、観察できること」にもとづくべきなのだ。

どこかで聞いた覚えがあるような……。これはまさに、ハイゼンベルクがヘルゴラント島で得た摩訶不思議な着想——量子論への道を拓く着想、そしてこの本で語られる着想——の前提ではないか。ハイゼンベルクの論文の冒頭は次の通り。「この論文の目的は、原則としてオブザーバブルな量の間の関係だけに依拠する量子力学の理論の基礎を作るところにある」。ほぼマッハの引用といってよいだろう。

確かに、知識は経験と観察にもとづくべきであるという考えは、マッハから始まったわけではない。この着想は古典的な経験論の伝統であって、アリストテレスとまではいかなくても、ロックやヒュームまで遡ることができる。ところが、主体とその知識の対象となるものの関係に注目し、この世界を「ほんとうにあるがままに」知り得るのかを疑った結果、壮大なドイツ観念論が生まれ、哲学の中心は主体（主観）にある、とされるようになった。これに対してマッハは科学者だったから、主体から経験そのものに焦点を移して、それを「感覚」と呼ぶことにした。そのうえで、科学的な知識が経験にもとづいてどのように増えていくのかを具体的に調べた。そのもっとも有名な著作では、力学の発展史が詳細に検討されており、[89] マッハの解釈によると、力学とは、感覚によって明らかにされた動きについて知り得た事実をもっとも思考経済的《エコノミカル》な〔思考の最小の支出で事実を最大限に記述する〕やり方で要約する試みだった。

　マッハは、感覚を超えたところにある仮想の現実を推論したり直観的に把握したりすることで知識が得られるとは考えていなかった。それらの感覚に関するわたしたちの考え方を効率的に組織化する試みこそが、知識なのだ。マッハにすれば、わたしたちが関心を持つこの世界は、感覚によって構成されているのであって、それらの感覚の「背後」にある確固たる前提は、すべて何らかの「形而上学」であると考えてよい。

　そうはいっても、マッハの「感覚」という概念には多義的なところがあって、それが弱みでもあり、強みでもあった。マッハは生理学から拝借したこの概念を、精神の領域から独立した普遍的なものとして扱った。さらに「要素」という用語を（仏教哲学の「法《ダルマ》」と同じ意味で）使っていた。「要素」は、人間や動物が経験する感覚だけでなく、宇宙に立ち現れるすべての現象なのだ。「要素」は独立ではなく、マッハが「関数」と呼んだ連関、関係によって結びついており、科学はその関係を研究する。いささか不正確であったとはいえ、マッハの哲学は、空間を動く物質の力学をより一般的な要素と関数の組に置き換えた真の自然哲学だった[90]。

これは、哲学的にはひじょうに興味深い立場であって、ここでは外見（現象）の背後にあるはずの客観的で確かな「実在」に関する確固たる仮説がすべて取り払われるだけでなく、経験する主体の「実在」に関する仮定もすべて取り払われている。マッハにとって、物理世界と精神世界にはまったく違いがなく、「感覚」は、物理的であると同時に精神的でもあった。それが現実なのだ。バートランド・ラッセルはこれと同じ考えを、次のように記している。「この世界を作り上げている生《なま》の素材は、精神と物質というふうに、二種類あるわけではない。単に、相互の関係によって異なるパターンに配置されているだけで、そのなかのある種の構造は心的と呼ばれ、そのほかの構造が物的と呼ばれているのだ[91]」。これによって、現象の背後に存在する物質的実在という概念は消え、それを「知っている」精神という概念も消える。マッハにすれば、知識は観念論における抽象的な「主体（主観）」が所有するものではなく、人間の具体的な行動――具体的な歴史の流れのなかで、自分が相互作用しているこの世界の事実をよりよく組織化する術を身につけていく活動――なのである。

このような歴史的で具体的な視点は、すぐさまマルクスやエンゲルスの思想と共振する。なぜならマルクスとエンゲルスにとって、知識もまた具体的な人間の歴史の一部だからである。知識は、非歴史的な要素や絶対性への渇望や見せかけの確かさ〔確実性の仮象〕をすべて剝ぎ取られて、この惑星における人類の現実の生物的・歴史的・文化的進化のなかに落とし込まれる。そして、この世界とわたしたちの相互作用を容易にするためのツールとして、生物学や経済学の観点から解釈される。それは、最終的に獲得されたものではなく、現在も続く過程なのだ。マッハにすれば、知識とはすなわち自然についての科学のことだったが、その見方は弁証法的唯物論の歴史主義からさほど遠くはなく、実際、マッハの考えとマルクス・エンゲルスの考えの重なりは、ボグダーノフによってさらに推し進められ、革命前夜のロシアで広く認められたのだった。

これに対してレーニンは、鋭く反応した。『唯物論と経験批判論』でマッハとそのロシア人の弟子、すなわちボグダーノフを激しく攻撃したのである。「反動的な」哲学を作るという、もっとも重い罪を犯したとして、この二人を厳しく糾弾した。ボグダーノフは一九〇九年にボルシェヴィキの地下新聞「プロレタリー」の編集委員会から追放され、その後すぐに党の中央委員会からも追われた。

ここで注目したいのが、レーニンのマッハ批判とそれに対するボグダーノフの応答である。[92] なぜなら、レーニンがかの有名なレーニンだからではなく、その批判が量子論へとつながる着想に対するごく自然な反応であるからだ。これと同じ批判は当然わたしたちにも向けられているわけで、まさにレーニンとボグダーノフの論点が今日の哲学に戻ってきているのだ。そして彼らの論争は、量子が持っている革命的な価値を理解する際の鍵を提供しているのである。

ħħ

レーニンは、ボグダーノフやマッハが「観念論者」だと断じる。レーニンによれば、観念論者は精神の外側に現実の世界が存在することを否定して、実在を意識の中身へと矮小《わいしょう》化する。「感覚」だけが現実であるならば、とレーニンは続ける。外側の現実は存在しないことになる。そしてわれわれは、自分自身と自分の感覚だけしかない独我論的な世界を生きることになる。自分という主体を、唯一の実在とするのである。レーニンは、このような観念論は敵対するブルジョア階級のイデオロギーの表れであるとしたうえで、この観念論に唯物論を対置した。唯物論では人間を——その意識と精神を——客観的で理解可能な具体的世界、すなわち空間を動く物質だけからなる世界の一つの側面と捉える。

その共産主義の評価はさておき、レーニンが卓抜した政治家であることは否定できない。さらに、哲学や科学に関する知識もきわめて印象的だ。もしも今日わたしたちがレーニン並みの教養ある政治家を選出していたならば、彼らはもっと実効性のある政治を行っていたはずだ。しかしレーニンは、偉大な哲学者ではなかった。その哲学思想が影響力を持ち得たのは、彼の主張が深かったからではなく、政治の現場で長い間優位に立っていたからで、さらにいえば、スターリン時代に英雄として祭り上げられたからだった。マッハは、もっと評価されるべき哲学者なのだ。[93]

ボグダーノフはレーニンに対して、その批判は当たらないと反論した。マッハの思想は観念論ではなく、ましてや独我論などではまったくない。物事を知る人間は、孤立した超越的な（世界の外に立つ）主体、観念論の哲学的な「我《われ》」ではない。それは、具体的な歴史にどっぷり浸《つ》かったリアルな人間であり、自然界の一部なのだ。「感覚」は「わたしたちの頭のなか」にあるのではない。それはこの世界の自然現象であって、世界が世界に対して示す形である。現象は、世界から切り離された「自己」に到達するのではなく、皮膚に、脳に、網膜のニューロンに、目の受容体に到達する。これらはみな、自然の要素なのだ。

レーニンは『唯物論と経験批判論』において「唯物論」を、精神の外側に世界が存在するという信念、と定義している。[94]「唯物論」をこのように定義するのなら、マッハは断固として唯物論者だったし、わたしたちもみな唯物論者である。ローマ教皇だって唯物論者といえる。ところがレーニンによると、唯物論の許容できる形はただ一つ。「この世界には時間と空間のなかを動く物質以外に何もない」と考えるしかなく、自分たちはその物質を知ることで「確かな真実」に到達できるのだった。ボグダーノフは、この断固とした主張の科学的な欠点と歴史的な欠点をくっきりと浮かび上がらせた。もちろんこの世界はわたしたちの精神の外にある。けれども、事物は素朴な唯物論が認識しているよりもずっと微妙なものだ。この世界が人間の精神のなかにしかないという見方や、この世界が空間を動く物質の粒子だけからなっているという見方のほかにも、見方はある。

むろんマッハは、精神の外側に何もないなどとは考えていなかった。むしろその逆で、精神（が何であるにせよ）の外にあるもの、つまり自分たちもその一部である丸ごとの複雑な自然に関心を持っていた。自然は、現象の集まりとして立ち現れる。だからマッハは、現象そのものを研究することを勧めた。現象の裏にある実在を先験的に措定するのではなく、それらの現象を解明するための統合命題《ジンテーゼ》と概念構造を構築しようというのだ。

マッハの提案のなかでもとりわけ根源的なのが、現象を対象物（客体）の発現と捉えるのではなく、対象物のほうを現象間の結び目《ノード》として捉える、という着想だ。これは決して、意識の中身についての形而上学――すなわち検証抜きの概念の絶対化――ではない。レーニンは、そう見なしていたようだが、むしろマッハは「物自体の形而上学」からは、一歩身を引き離していた。実際彼は、「「機械論的な」世界の概念は、大昔の宗教のアニミズム的神話のような「機械論の神話」に見える」と一刀両断にしている。[95]

アインシュタインは折に触れて、自分がマッハに多くを負っていることを認めていた。[96] 不変で独立した客観的空間が存在していて「そのなかで」ものが動いている、という（形而上学的）前提へのマッハの批判が、アインシュタインの一般相対性理論への扉を開いたのだ。

マッハによる科学の解釈——何ものの実在も、それによって現象が組織されない限り当然としないという解釈——によって切り拓かれた間隙に、ハイゼンベルクはするりと入り込んで、電子から軌道を剝ぎ取り、電子をその現れ方の観点に限定して解釈し直した。

さらにその同じ間隙で、量子力学の関係論的《リレーショナル》な解釈の可能性が生まれた。この世界を考えるのに役立つ要素は、各物理系の絶対的な属性ではなく、物理系同士の互いに対する発現のありかたなのである。

ボグダーノフは、「物質」を非歴史的な絶対的カテゴリー、マッハのいう「形而上学的」カテゴリーに入れたといって、レーニンを非難した。それになんといっても、エンゲルスとマルクスの重要な教訓を忘れているのはいかがなものか。マルクスによれば、歴史は過程であり、知識は過程なのだ。ボグダーノフはさらに続ける。科学的な知識は増えていく、だからわたしたちの時代の科学に固有な物質の概念も、ひょっとすると知識の歩みの途中の段階でしかないことが判明するかもしれない。ボグダーノフの、現実は十八世紀物理学の素朴な唯物論よりははるかに複雑であり得る、という言葉はまるで予言のようだ。なにしろその数年後には、ヴェルナー・ハイゼンベルクによって、量子レベルの現実への扉が開かれることになるのだから。

これよりさらに印象的なのが、レーニンに対するボグダーノフの政治的な応答だ。レーニンは、絶対的な確かさについて語った。マルクスとエンゲルスの史的唯物論を、あたかも永遠に正しいもののように紹介したのである。これに対してボグダーノフは、そのようなイデオロギー的教条主義は、科学的な思索のダイナミズムと調和しないだけでなく、硬直した政治的教条主義につながりかねない、と指摘した。そしてロシア第一革命に続く激動のなかで、あの革命によってすでに新たな経済構造が生まれている、と主張した。もしもマルクスがいうように文化が経済構造の影響を受けるのなら、革命後の社会には、新しい文化を生み出す力があるはずだ。そしてその文化は、もはや革命前に考えられていた正統派のマルキシズムではあり得ない——じつにみごとな洞察ではないか。ボグダーノフの政治プログラムによると、文化と力は民衆に委ねられ、革命の夢が切り拓く「新しく寛大な集団文化」が育まれるはずだった。これに対してレーニンの政治プログラムでは、人々を導くのに必要な真実の宝庫、すなわち革命的前衛を強化することになっていた。『唯物論と経験批判論』のかなり冷淡な文体には、その哲学的なスタンスが反映されており、「怒りに満ちた道徳的な調子で、破門や除名の暗い響きを伴っており[97]」、「おそらくそれまでに発表された哲学書のなかでもっとも無礼なもの[98]」だった。

　ボグダーノフは、レーニンの教条主義によってロシア革命が凍り付き、氷の塊となってそれ以上発展できなくなることを見越していた。革命を通して得られたあらゆるものの息の根が止まって、硬直してしまうことを。これまたじつに予言的な言葉である。

「ボグダーノフ」は筆名である。ロシア帝国の秘密警察（内務省警察部警備局）に見つからないように使っていたたくさんの偽名のうちの一つで、本名はアレクサンドル・アレクサンドロヴィッチ・マリノフスキー。田舎の学校教師の家に、六人兄弟の二番目として生まれた。幼い頃から独立心が旺盛で反抗的で、伝わるところによると、はじめて口にしたのは——生後十八ヶ月のときに家族の言い争いを前にしての——「パパはばかだ！」という言葉だったという。[99] 父（決してばかな人ではなかった）が取り立てられて、もっと大きな学校がいくつもある町で物理学の教師になると、幼いアレクサンドルは、図書館やごく質素な物理の実験室に出入りできるようになった。やがて奨学金を得てギムナジウムに通い始めたが、そこでの経験については後に、「教師たちは意地悪で心を閉ざしており、おかげでわたしは権力に不信を持つことと、あらゆる権威を否定することを学んだ」と述べている。[100] ちなみに、彼よりわずかに年若いアルベルト・アインシュタインの人間形成にも、このような権威に対する本能的な嫌悪感が大きな影響を与えた。

　ギムナジウムを優秀な成績で卒業したボグダーノフは、自然科学を学ぶためにモスクワ大学に進み、遠く離れた地方からやってきた学友を支援する学生組織に加わった。そこから政治活動に関わるようになり、幾度となく捕まった。カール・マルクスの『資本論』やマッハの『感覚の分析』のロシア語訳の刊行に貢献し、政治的な宣伝活動に従事し、労働者のための経済学の通俗読み物を執筆した。ウクライナの大学で医学を学び、またしても捕まって追放され、やがてチューリッヒでレーニンと知り合う。そしてボルシェヴィキ運動のリーダーの一人、実際にはレーニンに次ぐナンバー・ツーとなった。だがレーニンとの論争があってからは指導部と距離を置くようになり、革命後は権力の中枢から遠ざけられる。それでもボグダーノフは広く尊敬を集め、文化や倫理や政治で強い影響力を発揮した。一九二〇年代から三〇年代にかけて、革命の成功をボルシェヴィキの独裁から守ろうとする地下の「左翼」反対派の拠り所となったが、この抵抗も結局はスターリンによって容赦なく叩き潰されたのだった。

ボグダーノフの理論的な業績の鍵となるのは、組織化という概念だ。社会生活は、集団としての労働の組織化であり、さらに知識は、経験と概念の組織化である。現実を丸ごと組織、構造と見なすこともできる。ボグダーノフが示した世界像の根っこには、次第に複雑になっていくじつにさまざまな種類の組織があった。直接相互作用する極小の要素に始まって、生命体のなかの物質の組織化、それから個人のなかで組織化された個別の経験の生物学的発展、そして科学的な知識へと至るさまざまな組織化。ボグダーノフによると、科学的な知識とは集団的に組織化された経験なのだ。これはあまり知られていないことだが、これらの着想は、ノーバート・ウィーナーのサイバネティクスやルートヴィヒ・フォン・ベルタランフィのシステム理論を通じて近代思想に深い影響を与えてきた。実際その影響は、サイバネティクスの誕生や複雑系の科学や今日の構造的実在論〔一四五ページ参照〕にまで及んでいる。

ロシア・ソビエト連邦社会主義共和国が成立すると、ボグダーノフはモスクワ大学の経済学の教授、兼共産主義アカデミーの総裁となり、若い頃に書いたＳＦ小説『赤い星』を再出版して大成功を収めた。これは、火星にある自由主義的なユートピア社会を舞台とする小説で、その社会では男女の違いは完全に克服されている。経済関連のデータは効率のよい統計ツールを用いて処理され、おかげで各産業は何を生産すべきかを正確に知ることができ、失業者はどの工場に職を求めればよいかが正確にわかるといった具合で、その結果、誰もがどう生きるべきかを自由に選べるのだった。

ボグダーノフは、プロレタリア文化の拠点を組織することに尽力した。互いに競争するのではなく、協力にもとづき、支え合うことによって、新しい文化が自律的に開花する場を作ろうとしたのである。レーニンによってこの活動からも追われると、今度は医学にその身を捧げることにした。医師としての訓練を受けていたので、第一次大戦中は前線で医者として従軍していたのだが、一九二六年にはモスクワに医学の研究所を立ち上げ、輸血分野の先駆者となった。その革命的な集産主義的イデオロギーからすると、輸血は、分かち合い協調する男女の力の象徴だった。

医師にして経済学者、哲学者であり自然科学者で、ＳＦ小説の作者で詩人で、教師で政治家でサイバネティクスや組織の科学の先駆者で、輸血のパイオニアにして終生の革命家だったアレクサンドル・ボグダーノフは、途方もない才能の持ち主で[101]、二十世紀初頭の知的世界におけるもっとも複雑で魅力的な人物だった。その思想は、鉄のカーテンのいずれの側にとってもラディカルにすぎ、ゆっくりと、しかも密やかにしか広がらなかった。レーニンの批判のきっかけとなった三巻本、『経験一元論』の英訳が刊行されたのは、ようやく二〇一九年のことだった。面白いことに、ボグダーノフの痕跡はむしろ文学作品に多く残っていて、実際に无名《ウー・ミィン》（「匿名」を意味する中国語名のイタリア人作家グループ）はボグダーノフに触発されて『プロレトクリト』（「プロレタリア文化」の混成語で、ボグダーノフらが始めた「プロレタリア文化協会」を指す）という作品を発表し、[102]アメリカのSF作家キム・スタンリー・ロビンソンはすばらしい三部作『レッド・マーズ』、『グリーン・マーズ』、『ブルー・マーズ』に、アルカディイ・ボグダノフという大人物を登場させている。[103]

分かち合いという理想にとことん忠実だったアレクサンドル・ボグダーノフは、信じられない形で命を落とすことになった。結核とマラリアを病む若者を助けるべく、自身の血液と患者の血液を入れ替える科学実験を行ったのだ。

ボグダーノフは最後の最後まで、実験する勇気、交換して分かち合う勇気を持ち続け、友愛の夢――と実行――を貫いたのだった。

2 実体なき自然主義
――状況依存性

本題からはいささか逸れてしまったようだが、マッハが示した視点があればこそ、ハイゼンベルクは決定的な一歩を踏み出せたわけで、レーニンとボグダーノフの論争は、量子論を巡る誤解がどこから生じるのかを浮き彫りにしている。

マッハが掲げた「反形而上学」の精神は、開かれた姿勢である。わたしたちはこの世界に、どうあるべきかを教え込もうとすべきではない。それよりも、この世界に耳を傾けて、どう考えたらよいのかを学ぼうではないか。

アインシュタインが量子力学に反対して、「神はサイコロを振らない」というと、ボーアは、「神になすべきことを命じるのはやめなさい」とたしなめた。つまり、自然はわたしたちの形而上学的な偏見よりもはるかに豊かなのだ。自然のほうが、わたしたちよりずっと豊かな想像力を持っている。

量子論について詳しく調べてきたひじょうに鋭い哲学者の一人であるデヴィッド・アルバートに、かつてこう尋ねられたことがある。「いったいどうすれば、ちっぽけな金属のかけらとガラスを使って実験室で行われる実験に、自分たちにもっとも深く根ざしたこの世界の仕組みに関する形而上学的確信を疑わせるだけの重みがあると思えるのかな?」。この問いは、以来ずっとわたしを悩ませてきた。でも結局のところ、その答えはごく簡単な気がする。「きみのいう、自分たちに「もっとも深く根ざした形而上学的確信」というのはいったい何なんだい?それってまさに、ちっぽけな石や木っ端を扱うなかで、信じることに慣れ切ったものなんじゃないのかい?」

現実の成り立ちを巡るわたしたちの思い込みは、自分たちの経験の結果でしかない。だが、わたしたちの経験には限りがある。自分たちが過去に行ってきた一般化を、絶対的真理とするわけにはいかないのだ。イギリスの作家ダグラス・アダムズはこのことを、あの独特の辛辣な言い回しで誰よりも上手に表現している。「わたしたちが、重力ポテンシャルの深い井戸の底で、九千万マイル以上離れた核の火の玉のまわりを回る、気体に覆われた惑星の表面で暮らしているという事実。そしてそのことを普通だと考えているということを考えれば、自分たちの視野がどれほど歪みがちかなのかは歴然としている」[104]のだ。

何か新しいことを学んだら、即座に自分たちの偏狭な形而上学的視野を変えなくてはならない。この世界に関して新たに知った事柄を、真剣に受け止める必要があるのだ。たとえそれが、現実の構成に関する自分たちの思い込みと衝突したとしても。

思うにこれこそが、持っている知識に驕《おご》ることなく、自身の学ぶ力と道理を信じる姿勢なのだろう。科学は、真理の宝庫ではない。科学の根っこには、真理の宝庫など存在しないという

〔教皇ピウスX世の「教会だけが真理の宝庫である」という言葉を否定する〕意識がある。何かを知るための最善の方法、それは、この世界を理解しようと努めながら世界と相互に作用して、自分たちが出会うもの、見つけたものに合わせて己の精神的な枠組みを調整し続けることだ。科学をわたしたちの知の源泉として尊重するこのような姿勢によって育まれたのが、ウィラード・クワインをはじめとする哲学者たちの自然主義なのである。ウィラードにとって、わたしたちの知識自体があまたある自然過程の一つであって、そのような自然の一部として研究の対象になる。

わたしには、第二章で紹介したものを含む量子力学の「解釈」の多くが、量子力学の発見を形而上学的な偏見の規範に無理やり押し込めたがっているように見える。この世界は決定論的で、未来や過去はこの世界の今の状態によってただ一つに決まる、わたしたちはそう納得しているんですよね？　だったらオブザーバブルでなくていいから、過去や未来を決める量を付け加えましょう。量子的重ね合わせを構成する要素の片方が消えてしまうなんて、なんだか落ち着かないというんですか？　だったらその要素が入り込んで見えなくなるような並行宇宙を付け足しましょう、というふうに。

思うに、わたしたちは科学に哲学を順応させるべきなのであって、その逆ではない。

44

ニールス・ボーアは、量子論を打ち立てた「わんぱく坊主」たちの精神的な父だった。ハイゼンベルクにはこの問題に専念するよう勧め、ともに原子の謎を掘り返した。さらに、言い争いの絶えない才気煥発《かんぱつ》な子どもたち、ハイゼンベルクとシュレーディンガーの仲裁に入った。後に地球上のすべての物理学の教科書に載ることになった理論をどのように考えたらよいのか、明確に系統立てて説いたのもボーアだった。そして彼は、おそらくどの科学者よりも懸命にこの理論の意味を理解しようと努めた。この理論が理にかなっているか否かを巡るアインシュタインとの論争は何年も続き、結局は、この二人の巨人がともに自分の立場を明確にし、譲歩することになったのだった。

アインシュタインは一貫して、量子力学がこの世界を理解するうえでの重要な一歩であることを認めていた。ハイゼンベルクとボルンとヨルダンをノーベル賞に推薦したのも、アインシュタインだった。にもかかわらず、その理論の形には最後まで納得しなかった。時には矛盾があるといい、あるいはあり得ないといい、さらには不完全だといって非難した。

ボーアは、アインシュタインの批判から量子論を守りぬいた。時には良識を持って、時には論争に勝つために誤った推論を用いることまでした。[105] ボーアの考えは決して明快ではなく、往々にしていささか曖昧だった。けれどもその直観はきわめて鋭く、現在のわたしたちの理解の大部分が、ボーアの助けによって形成されたといえる。その際に鍵となる直観は、次の所見に要約されている。

古典物理学では、対象物と測定装置との相互作用を無視することができる――あるいは必要とあれば考慮に入れて相殺することができる――が、量子物理学では、この相互作用が現象の不可分な一部となっている。このため量子的な現象の明瞭な記述は、原理的に、実験の構成に関連するすべての側面の記述を含んでいなければならない。[106]

この言葉には、量子力学の関係論的な側面が捉えられているが、その対象は、あくまでも実験室で測定機器を用いて測定された現象に限られている。このため、この言葉自体が誤解を招くことになる。自分たちは特別な観察者がいて測定機器を使っている状況についてだけ論じている、と思い込むのだ。けれども人間が、その頭が、その道具が、さらにはそこで使われている数が、自然の構造を決める規則――すなわち「文法」――において特別な役割を果たすと考えるのは、まったくばかげている。

わたしたちはボーアのこの一節に、この理論の百年にわたる成功によって培われた次のような認識を付け加える必要がある。すなわち、あらゆる自然は量子的であり、測定機器のある物理実験室に何ら特別なところはない。量子的現象は実験室のなかだけのものであって、ほかの場所には非量子的現象しかないのではなく、あらゆる現象が量子的現象なのだ。ボーアの直観をありとあらゆる自然現象に拡張すると、次のような記述になる。

以前は、あらゆる対象物の属性は、たとえその対象物とほかの対象物との相互作用を無視したとしても定まると考えられていたが、量子力学は、その相互作用が現象と不可分であることを示している。どんな現象であろうと、明瞭に記述するには、その現象が発現する相互作用に関係するすべての対象物を含める必要がある。

こうなるといかにも急進的だが、いっていることははっきりしている。現象とは、この自然世界の一つの部分からほかの部分への働きかけなのだ。この発見をわたしたちの精神に関わる何かと混同したことが、レーニンの間違いだった。マッハとの論争では、レーニンのほうが二元論者で、超越的な主体との関連抜きでは、現象を考えることができなかったのだ。

ここには、頭が割り込む余地はない。この理論において、特別な「観察者」はなんの役割も果たしていない。核となるのはもっと単純な事実であって、対象物の属性を、そもそもそれらの属性が発現するために相互作用している別の対象物から切り離すことは不可能なのだ。対象物のあらゆる属性（変数）は、煎じ詰めればほかの対象物に関してのみそのような属性として存在する。

量子力学の中心となるこの特徴は、専門用語では「状況依存性《コンテクスチュアリティ》」と呼ばれている。

あらゆる相互作用から解き放たれて孤立した対象物自体には、特段の状態はない。せいぜいその対象物が一つのやり方で、あるいは別のやり方で発現するかもしれないという、一種の確率的傾向があるにすぎない。[107] ところがその確率さえも、未来の現象の予測や過去の現象の反映でしかなく、常に別の対象物に対しての相対的なものなのだ。

こうしてわたしたちは、きわめて過激な結論に至る。この世界が属性を持つ実体で構成されているという見方を飛び越えて、あらゆるものを関係という観点から考えるしかない。[108] 思うにこれが、量子とともにあるこの世界についての、わたしたちの発見なのだ。

3 土台がない？ ナーガールジュナ

量子力学の核となる発見のこのような解釈は、ハイゼンベルクとボーアの独創的な直観に根ざしているわけだが、その形式がきちんと整ったのは、一九九〇年代半ばのことだった。「量子力学の関係論的《リレーショナル》な解釈」が発表されたのである。[109] この解釈に対する哲学界の反応はじつに多様で、さまざまな学派が異なる哲学用語を用いて表現しようとした。

当代一の優秀な哲学者の一人であるバス・ヴァン・フラーセンは、自身の「構成的経験論」の枠組みを用いて、この解釈を鋭く分析した[110]。ミッシェル・ビトボルは新カント派の立場からこの解釈を読み解き[111]、フランソワ＝イゴール・プリは文脈的リアリズムの視点に立って[112]、ピエール・リヴェは「プロセス存在論」の観点からこの解釈を読み解いた[113]。マウロ・ドラートはこの解釈を、実在は構造からなっている[114]とする構造的実在論に組み入れ[115]、ラウラ・カンディオットはこの命題を学位論文で擁護した[116]。ここで現在哲学のさまざまな学派の間で進んでいる議論に深入りするつもりはないが、いくつかのヒントを付け加えたうえで、一つ個人的な話を紹介したい。

自分たちが絶対だと思ってきた量がじつは相対的だったという発見は、物理学の歴史を貫く一つのテーマといってよい。物理に限らずすべての科学に、関係論的な思考を見てとることができる。生物学でいえば、生物組織の特徴は、ほかの生物によって形成された環境との関係で理解可能になる。化学における元素の属性は、その元素と別の元素の相互作用のありようからなっている。経済学では、経済的な関係について語る。心理学では、個人の性格は関係の文脈を超えない範囲で存在する。わたしたちはこのほかにもさまざまな事例において、事物を（生命体も、化学組成も、精神生活も）ほかの事物と関わる様子を通して理解している。

西洋哲学の歴史では、「実体」が現実の基礎であるという考え方が、繰り返し槍玉にあがってきた。ヘラクレイトスの「万物は流転する」から、今日の関係の形而上学まで、じつにさまざまな哲学の学派にそのような批判が見て取れる。[117] ここ数年に限っても、『パースペクティブの形而上学への形式的アプローチ』[118]や『視点相対主義』[119]といった哲学書が刊行されている。分析哲学のなかでも、構造的実在論[120]は関係が対象物に先行するという考えにもとづいており、[121]ミッシェル・ビトボルは、『世界の内側から』という著作を発表している。[122] さらに、ラウラ・カンディオットとジャコモ・ペッツァーノは、『関係の哲学』という著作を発表し[123]……。

ところが、このような考え方には古い歴史があって、西洋の伝統でも、プラトンの後期対話篇には、すでにこのような見解が見られる。実際プラトンは『ソピステス』〔ソフィストの意〕という著作において、彼のいう時を超えた「形相《エイドス》〔εἶδος〕」が、現象的な実在と関係することができてはじめて意味をなす、という事実について考察している。

そしてこの対話の中心人物たる「エレアからの客人」に、次のような有名な「在るもの」の定義、完全に関係に依拠した〔あまりエレア派的ではない〕定義を口にさせた。「したがって、本来、ほかのものに作用できるもの、あるいは、たとえわずかでも、どんなに些細でも、たった一度のことであっても、ほかのものの作用を受けるものだけが、ほんとうに在るものといえるのです。ですからわたしは、存在を次のように定義したい。存在は、作用《デュナミス》〔δύναμις〕〔能動・受動の力、機能〕なくして成立し得ないものなのだ、と」[124]。よくあることだが、プラトンが一つの言い回しにそのテーマで語るべきすべてを要約した、と考えたくなる人がいそうでもあり……。

このとうてい十分とはいえない要約一つをとってみても、この世界が関係によって編み上げられており、対象物ではなく相互作用から成り立っている、という見方が繰り返し示されてきたことは明らかだ。

44

ある対象物、たとえば目の前のこの椅子について考えてみよう。これが実在する椅子であって、客観的なものとしてわたしの前にあるということに、疑いの余地はない。それにしても、これ全体が一つの対象物、一つの実体、一つの椅子で、現実にあるということは、正確にはいったい何を意味しているのだろう。

椅子という概念は、その機能によって定義される。椅子とは、わたしたちが座るように設計された家具である。つまり、人がいてそこに座る、ということが前提になっている。重要なのは椅子そのものではなく、わたしたちがそれをどう捉えるか、なのだ。

そうはいっても、問題の椅子が今ここに客観的に存在する、という事実に変わりはない。対象物は依然としてそこにあり、色や堅さといった明白な物理的特徴を持っている。ところがこれらの特徴もまた、わたしたちとの関係においてのみ存在する。色は、椅子の表面で反射する光の振動数と人間の網膜にある特殊な受容体が遭遇することで生じる。つまりこれは椅子についての話ではなく、光と網膜と反射についての話なのだ。人間以外のほとんどの動物には、わたしたちが目にしている色が見えない。椅子が発する振動数自体も、椅子の原子の力学とそれらの原子を照らす光との相互作用で生じたものなのだ。

そうはいっても椅子は、色の如何にかかわらず、一つの対象物である。椅子を動かすと、その椅子は丸ごと動く。ところが厳密にいうとこの表現も不正確で、この椅子の場合は、枠の上に座部が載せられていて、枠を持ち上げると、全体が持ち上がる。つまりこの椅子は集合体、かけらの集まりなのだ。

いったい何が、このようなかけらの集まりを一つの対象物、個体にしているのだろう。じつは、このような要素の組み合わせがわたしたちにとって果たす役割によって一つになっているだけなのかもしれない……。

かりに椅子それ自体、つまり外部——とりわけわたしたち——との関係に一切依存しない椅子を探したとしても、そんなものはとうてい見つかりそうにない。

これは、不思議でもなんでもない。なぜならこの世界は、独立した実体に分かれているわけではなく、わたしたちが、自分たちの都合でさまざまな対象物に分けているだけなのだから。山脈は個々の山に分かれているわけではなく、わたしたちが、何らかの意味で分かれていると感じた部分に分けているだけなのだ。わたしたちの行うすべて——とはいわないまでも無数——の定義が、関係《リレーショナルな》を基盤としたものなのだ。母親は、子どもがいるから母親で、惑星は恒星のまわりを回るから惑星で、捕食者は餌食になるものを捕らえるから捕食者で、空間のなかでの位置は何か別のものとの関係によってのみ定まる。時間ですら、一組の関係として存在しているにすぎない[125]。

　この話のどこをとっても、決して新しくはない。ところが物理学は長い間、これらの関係を支える確固たる基盤——関係が織りなす世界の基礎として、この世界を支えるおおもとの実体——を提供するよう求められてきた。古典力学は、一次的な属性（形）と二次的な属性（色）によって特徴付けられた、空間を動く物質、という着想によってこの役割を果たしたように思われた。それ自体として存在し、組み合わせや関係の相互作用の基礎となる、この世界の主要な構成要素を提供できたのだ、と。

　ところがこの世界が量子的であるという発見によって、物理的な物質にはこの役割を果たせないことが明確になった。基礎物理が現象を理解するための初歩的で普遍的な文法を提供していることに変わりはないが、その文法は、動く単純な物質——それ自体が一次的な属性を持つ物質——からなっているわけではない。この世界に浸透する状況依存性《コンテクスチュアリティ》は、かくも初歩的な文法にまで及んでおり、別の何かと相互作用しているという状況抜きでは、基本的な実体を記述することができないのだ。

　こうしてわたしたちは、いっさいの足がかり、立脚点を失うことになる。明確かつ一義的な属性を持つ物質がこの世界の基礎的な実体を構成しているのでないとしたら、さらに、わたしたちの知識の主体が自然の一部だとしたら、いったい何がこの世界の拠り所となる実体なのか。わたしたちのこの世界の概念を、何につなぎ留めることができるのか。どこから始めればよいのか。何が基礎となるのだろう。

西洋の哲学の歴史はだいたいにおいて、何が基礎かという問いに答えようとする試みだったといえる。そこからほかのすべてが生じる出発点を探す試み。出発点の候補としては、物質、神、魂、原子と無、プラトンの形相、〔カントの〕直観のア・プリオリな形式、主体、〔ヘーゲルが提唱した〕絶対精神、意識の基礎的な瞬間、現象、エネルギー、経験、感覚、言語、実証可能な仮説、科学的与件《データ》、反証可能な理論、〔ハイデッガーの〕己の存在自体を問題とする「現存在」の実存、解釈学的循環、構造などなど、たくさんの概念があげられてきたが、未だかつて究極の基礎として万人に受け入れられたものはない。

科学者や哲学者は、「感覚」あるいは「要素」を基礎とするマッハの試みに感化されたが、結局のところ、この説にもほかの説以上の説得力があるとは思えない。マッハは形而上学に背を向けながら、じつは自分自身の形而上学――より軽くてしなやかだが形而上学であることに変わりはない、要素と関数の形而上学――を作ったのだ。現象学的実在論、あるいは「実在論的経験論」という形而上学を。[126]

わたしは量子を理解しようと、さまざまな哲学文献を読みあさった。この信じがたい理論が指し示す奇妙な世界像を理解するための、概念的な基盤が欲しかった。そしてたいへん立派な提案や鋭い批判をたくさん見つけたが、心から納得することはできなかった。

ところがついにある文献に出くわして、びっくり仰天することとなった。結論のないこの章を締めくくるにあたって、その明るい出合いの物語を紹介したい。


わたしとその文献との出合いは、決して偶然ではなかった。量子とその関係論的《リレーショナル》な性質について話していると、よく「ナーガールジュナ（龍樹）は読んでみた？」と尋ねられたのだ。もう何度尋ねられたかもわからなくなったわたしは、ある日、だったら一歩踏み出して、ナーガールジュナを読もうじゃないか、と心に決めた。西洋ではあまり知られていないが、ナーガールジュナの著作は決して無名でも二流でもない。仏教哲学の基礎となるもっとも重要な仏典の一つであって、わたしがその文献に気づかなかったのは、ひとえに（西洋人にはよくあることだが）アジアの思索家について無知だったからだ。

題名は例のごとくやたらと長いサンスクリットで、『ムーラマディヤマカ・カーリカー（*Mūlamadhyamakakārikā*）』といい、「中道の基本的な詩文」などさまざまに訳されている（日本では、『中《ちゅう》之《の》頌《じゅ》』とか『中論』と呼ばれている）。わたしはアメリカの分析哲学者による注釈がついた英訳テキストを読み、深い感銘を受けた[127]。

ナーガールジュナは二〜三世紀の人である。その著作には無数の注釈が付いており、無数の解釈や釈義が層をなしている。このような古来の文献が興味深いのは、一つにはさまざまな読みが幾重にも重なっているからで、そのためわたしたちは、豊かな意味の階層に触れることができる。ほんとうのところ、わたしたちが古文書に関心を持つのは、著者が当初言わんとしていたことを知りたいからではなく、その著作が今自分たちにどう語りかけ、何を示唆し得るのかを知りたいからだ。

ナーガールジュナの著作の中心となっているのは、ほかのものとは無関係にそれ自体で存在するものはない、という単純な主張だ。この主張はすぐに量子力学と響き合う。ナーガールジュナが量子を知るはずもなく、考えもよらなかったことは明らかだが、そんなことはどうでもよい。大事なのは、これらの哲学者がこの世界について再考するための独創的な方法を提供しており、その方法が有効だとわかればわたしたちもそれを使える、ということだ。ナーガールジュナがわたしたちに示している視点の助けがあれば、量子の世界のことも少しだけ考えやすくなるはずだ。

何ものもそれ自体では存在しないとすると、あらゆるものは別の何かに依存する形で、別の何かとの関係においてのみ存在することになる。ナーガールジュナは、独立した存在があり得ないということを、「空《くう》」（*śūnyatā* シューニャター）という専門用語で表している。事物は、自立的な存在でないという意味で「空《くう》」なのだ。事物はほかのもののおかげで、ほかのものの働きとして、ほかのものとの関係で、ほかのものの視点から、存在する。

今、わたしが曇り空を見上げて——これは極端に単純化した例だが——龍と城が見えたとしよう。空に実際に龍や城が存在しているかといえば、そうでないことは明らかだ。龍や城は、雲の形とわたしの感覚や頭のなかの考えが出合って現れたもので、それ自体は中身がなく、存在していない。ここまでは、簡単だ。ところがナーガールジュナは、雲も、空も、感覚も、考えも、わたし自身の頭までもが、同じように別のものとの出合いから生じているという。それらはすべて、空っぽな存在だ、と。

ではこのわたし、空の星を見ているわたし自身は存在するのか。いいや、わたしも存在しない。では誰が星を見ているのか。誰も見ていない、とナーガールジュナはいう。星を見るということは、わたしが慣例に従って「自分」と呼んでいる相互作用の集まりの一構成要素なのだ。「言語が分節化しているものは存在しない。心の及ぶ範囲は存在しない」[128]。わたしたちがいるということの芯になる本質、理解すべき謎に包まれた究極の本質は、存在しない。「わたし」は、互いに連絡し合う膨大な現象が構成する総体でしかなく、それらは互いに依存し合っている。かくして、西洋における何百年にもわたる主体や意識の本質を巡る思弁は朝霧のように消えてしまう。

さまざまな哲学や科学と同様、ナーガールジュナも、視点のとり方によっていくらでも姿を変える従来の見せかけの現実と、その背後にある究極の実体、つまり実在とを分けて考える。

ところがこの場合は、そのような区別から意外な方向に連れていかれることになる。究極の実体や本質は存在せず、空なのだ。そんなものは存在しないのである。

　もしもすべての形而上学が始原の実体、あらゆるものがそれに依拠する本質、つまりすべてがそこから帰結する出発点を探し求めているとすると、ナーガールジュナ曰く、究極の実体、出発点は……存在しない。

　西洋哲学のなかにも、これと似た方向をおずおずと目指す直観がないわけではない。しかしナーガールジュナの視点は徹底している。ありきたりな日常の存在を否定せず、むしろ逆に、複雑なそれらを丸ごと、さまざまな階層や側面も含めて考えに入れる。日常的な存在を研究することも、探査することも、分析することも、より基本的な項に帰することも可能だ。しかし、とナーガールジュナは主張する。究極の基層を探すことに意味はない。

　ナーガールジュナと、たとえば現代の構造的実在論との違いは明白だ。現在流通している自著に「すべての構造は空である」と題する短い章を付け加えるナーガールジュナの姿を、簡単に思い浮かべることができる。構造は、ほかのものを組織化しようと考えたときに限って存在する。ナーガールジュナに倣《なら》っていえば、構造は対象に先立つのではなく、対象に先立たないわけでもない。先立ちかつ先立たないわけではなく、最後に、どちらでもないわけでもない。*

　この世界が錯覚であるということ、つまり輪廻《りんね》（*samsāra* サンサーラ）は仏教の普遍的なテーマで、それが錯覚だと悟ることで涅槃《ねはん》（*nirvāna* ニルヴァーナ）、すなわち解放と至福に到達する。

ナーガールジュナによれば、輪廻と涅槃は同じであり、いずれもその存在は空である。つまり、存在していないのだ。

ということは、空だけが実在するのだろうか？　結局のところ、それが究極の実在なのか。いいや、そうではない。ナーガールジュナはとりわけめまいのしそうな章で、そう断言する。いかなる視点も別の視点と依存し合うときにのみ存在するのであって、究極の実在は金輪際存在しない、と。これはナーガールジュナの視点自体にいえることで、空でさえも本質を持たない。それは慣習的な形式であって、いかなる形而上学も生き延びることはできない。空は空なるものなのだ。

ナーガールジュナのおかげで、関係抜きでは語れない量子について考察するための圧倒的な概念装置が手に入った今、わたしたちは、自立的な本質という要素が存在しない相互依存を考えることができる。じつは、互いに依存しているからには——ここがナーガールジュナの主張の鍵なのだが——自立的な本質のことはいっさい忘れなければならないのだ。

＊　これは、ナーガールジュナが用いる「四句否定」（四句（分別）とは命題Aについて、①A、②非A（Aではない）、③Aかつ非A（Aでありかつ非Aである）、④非Aかつ非非A（Aでなく非Aでもない）の四つのこと。四句否定はこれらすべての否定）と呼ばれる論理形式の一例である。

物理学は長い時間をかけて、物質から分子、原子、場、素粒子……というふうに「究極の実体」を追い求めてきた。そしてそのあげく、量子場の理論と一般相対論のややこしい関係に乗り上げて、にっちもさっちもいかなくなった。古代インドの一哲学者が差し出す概念装置を使うことで、はたしてこの暗礁を離れることができるのだろうか。

わたしたちは常に他者から、つまり自分とは異なるものから学ぶ。東洋と西洋は何千年にもわたって絶えず対話を行ってきたが、それでもまだ語り合うべきことがある。ちょうど、最高の結婚生活のように。

ナーガールジュナの思想の魅力、それは現代物理学の問題にとどまるものではない。その視点には、どこか目のくらむようなところがある。しかもそれは、古典であれ最近のものであれ、西洋のさまざまな哲学の最良の部分とみごとに共振する。ヒュームの徹底的な懐疑主義と響き合い、ウィトゲンシュタインによる難問の覆いを剝ぐ作業〔哲学の問題のほとんどが擬似問題であるとの主張〕と共鳴する。それでいて、あまたの哲学が落ち込む罠――いずれにしても結局は説得力に欠けることが判明してしまう出発点を仮定するという罠――には嵌《は》まっていないように見える。ナーガールジュナは、現実の複雑さや理解の可能性について語りつつ、わたしたちが概念のうえでの究極の基礎を求めるという罠に落ちるのを防いでくれるのだ。

ナーガールジュナの視点は、決して形而上学的な奇想の産物ではなく、むしろ中庸である。そこには、あらゆるものの究極の基礎を問うことはまったく無意味だ、という悟りがある。

だからといって、探索の可能性が閉ざされるわけではない。むしろ逆で、自由に探索できるようになる。ナーガールジュナは、この世界には実体がないとするニヒリストではなく、自分たちは現実について何も知り得ない、とする懐疑主義者でもない。現象の世界こそが、探索し、じょじょに理解を深めていける世界なのだ。わたしたちは、その一般的な特徴を見つけることになるかもしれない。だがそれは、あくまでも相互依存と偶発的な出来事の世界であって、そこから「絶対的な存在」を引き出そうとするべきではない。

何かを理解しようとするときに確かさを求めるのは、人間が犯す最大の過ちの一つだ、とわたしは思う。知の探究を育むのは確かさではなく、根源的な確かさの不在なのだ。自分たちが無知であることを鋭く意識するからこそ、疑いに心を開いて学び続け、よりよく学ぶことができる。それこそが、一貫して科学的な思索――好奇心と反抗と変化から生まれた思索――の力だった。哲学的にも方法論的にも、知の冒険の碇《いかり》を下ろすことができるもっとも基本的な、あるいは最終的な定点は存在しない。

ナーガールジュナの文献には、じつにさまざまな解釈がなされている。たくさんの読み取り方があり得るということは、この古典にそれだけの生命力があるということであり、わたししたちに向かって語り続ける力があるということだ。繰り返しになるが、わたしたちは今、二千年近く前のインドの修行僧が実際に何を考えていたかに興味があるわけではない。それは僧自身の（あるいは歴史家の）関心事であって、わたしたちを引きつけるのは、修行僧の残した文章が発する着想の力なのだ。何世代にもわたる注釈によってさらに豊かになったそれらの文章が、わたしたちの文化やわたしたちの知識と交叉することで、どのような思索の新空間を開いてくれるのか、そこに関心がある。これがまさに文化の意味するところで、文化とは、経験や知識、そして何よりも他者とのやり取りを糧としてわたしたちを豊かにしてくれる、果てしない対話なのである。

　わたしは哲学者ではなく物理学者、いわば卑しい職人だ。ナーガールジュナはこの量子を扱う卑しい職人に、対象物そのもの、つまり発現とは無関係な対象物が何なのかを問わずとも、その対象物の発現について考えることができると教えてくれた。

　それでいてナーガールジュナの「空」は、じつに心安らぐ倫理的な姿勢を育んでくれる。自分が自立的な実体として存在しているのではない、という悟りは、自身を愛着や苦しみから解き放つ助けとなる。人生は永久に続かず、いかなる絶対も存在しないからこそ、意味があり、貴重なのだ。

　ナーガールジュナは人としてのわたしに、この世界がのどかで軽く、光り輝く美しいものだと教えてくれる。わたしたちは、イメージのイメージでしかない。自分たちを含む現実は薄くもろいベールでしかなく、その向こうには……何もないのである。

第六章 「自然にとっては、すでに解決済みの問いだ」

あえて、思考がどこに存在するのかを考える。そして新たな物理学がこの「さかんに論じられてきた問い《ウェクサータ・クエスティオ》」の表現を、少しは変えられるかどうか問うてみる。

1 単純な物質？

心身問題がどんなに神秘的であったとしても、わたしたちは常に思い出さねばならない。これが、自然にとってはすでに解決済みの問いだということを。[129]

インターネットに二、三時間入るだけで、「量子的」という言葉で飾り立てたばかげたページに次から次へと出くわすことがあって、すっかり憂鬱になる。量子的医療に、じつにさまざまな量子的ホリスティック理論に、謎めいた量子的スピリチュアリズムなど……まったく信じがたい量子ナンセンスのオンパレードだ。

なんといっても最悪なのが、偽医療だ。たまに、偽医療の犠牲者の親族から不安そうなメールが届くことがある。「姉は量子医療を受けているのですが、教授はこの療法について、どう思われますか」。そこでわたしは、考え得る最悪の場合を想定して、一刻も早くお姉さんを安全なところに移しなさい、と答える。こと医療に関しては法律が介入すべきだ、とわたしは思っている。誰にでも自分に合った治療を受ける権利はあるが、命に関わるインチキ療法で身近な人を騙す権利は、誰にもないのだから。

あるいは別の誰かから、「すでにこの瞬間を生きたことがある気がするのですが、これは量子効果なのでしょうか？」というメールが届く。まったく、とんでもない話だ！　わたしたちの思考や複雑な記憶が、量子とどう関係するというんだ。断じて関係などない！　量子力学は、超常現象や、代替医療や、不思議な波動や振動《バイブレーション》の影響などいっさい語っていない。

そりゃあ確かに、わたしは心地よい振動が大好きだ。長髪に赤いバンダナを巻いて、今は亡きビートニク詩人のアレン・ギンズバーグの隣で足を組んで座り、「オーム〔Om ヒンズー教のシンボルの聖なる音で、究極の真実を表すとされている〕」を詠唱したこともある。そうはいっても、わたしたちと宇宙の間に繊細かつ複雑な情緒的つながりがあるという事実と量子論の波Ψとの関係は、バッハのカンタータとわたしの古い車のキャブレターとの関係と同じ程度のものだ。

この世界は、バッハの美しい音楽や、わたしたちのもっとも深い精神生活や、心地よい振動が生まれるくらいに複雑なのであって、奇妙な量子を持ち出すまでもない。

あるいは逆に、こういってもいい。量子の現実は、わたしたちのあらゆる心理的な現実や精神生活の謎めいていて微妙で魅力的で複雑な側面よりも、はるかに奇妙なのだ、と。わたしにいわせれば、まだあまりよくわかっていない複雑な現象、たとえば心の働き方を量子力学を用いて説明する試みは、まったく説得力に欠けている。

ただし、たとえ日々の直接的な経験からは遠いとしても、量子世界の性質の発見はあまりに革命的なので、心の本質などの未解決の大問題とまったく無関係だとは考えにくい。なぜなら、心の働きをはじめとする未解明な現象自体は量子現象でないにしても、量子の発見によってわたしたちの物理世界や物質の概念が変わり、発する問いの表現が変わるからだ。

この本の根っこには、わたしたち人間も自然の一部である、という確信がある。わたしたちは、無数の自然現象のなかの一個の具体的な事例であって、それらの現象のどれ一つとして、わたしたちが知っている偉大な自然法則から逃れることはできない。それでいて、誰もが何かの形で次のような問いを発したことがあるはずだ。「もしもこの世界が単純な物質、空間を動く粒子でできているのなら、わたしの考え、主観、価値、美、そして意味は、どうやって生じているのだろう」、「単純な物質」がいかにして色や、感情や、「今ここにいる！」という強烈な感覚を生み出し得るのか。なぜわたしたちは、知り、学び、心を動かされ、驚き、本を読み、理解し、物質自体がどう機能するのかを問うことができるのか。

量子力学は、これらの問いに直接答えられるわけではない。主観や知覚や知性や意識といったわたしたちの精神生活のさまざまな側面を、量子を使って説明できるとは思えない。量子現象は、原子や光子や電磁インパルス、さらにはわたしたちの体を構成するさまざまなミクロ構造のすべての力学に介入する。しかしとくに量子的な何かがあって、思考や知覚や主観の何たるかを理解する助けになるわけではない。思考や知覚にはより大きな規模での脳の機能が関係していて、そこでは量子干渉は複雑な騒音に紛れてしまう。量子論によって、心の理解がじかに促進されるわけではない。

ただし間接的には、何か適切なことを教えてくれるかもしれない。なぜならこの理論によって、問いの表現が変わるからだ。

量子論によると、わたしたちが混乱しているのは、自分たちの直感が誤っているからなのだ。意識の本質（これに関しては、確かに直感が誤解をもたらす）についての誤解だけでなく、「単純な物質」の正体とその機能についての誤解が、決定的な混乱を引き起こす。

わたしたち人間が、互いにぶつかって弾んでいる小さな石だけでできているところを思い描くのは難しい。だがもっとよく見ると、一つの石ころも、じつは広大な世界——量子的粒子が蝟集《いしゅう》し、確率と相互作用が揺らいでいる銀河——なのだ。さらにいえばわたしたちが「石」と呼んでいるものは、わたしたちの思考のなかでは、ほかとの関係によって定まる点状の物理的出来事からなる銀河とわたしたちとの相互作用によって生み出される意味の地層なのだ。「単純な物質」はばらけて複雑な層となり、突然それほど単純に見えなくなる。そしておそらく、単純な物質とほとんど解明されていない自分たちの心との間に横たわる淵も、飛び越えられそうな気がしてくる。

この世界の細かい粒が、質量と運動しか持たない物質の粒子からなっているとすると、その無定型の粒からわたしたちの複雑な知覚や思考を再構成することは難しそうに思える。しかしそれらの細かい粒が、関係という視点からもっとうまく記述できれば、もしもそれらが何であれほかのものとの関係抜きでは固有の性質を持たないとすれば、そのような物理学では、理解可能な形で組み合わせられる要素——知覚や意識と呼ばれる複雑な現象の基礎となり得る要素——をうまく見つけることができるかもしれない。物理世界が、互いを映し合っている鏡に映るさまざまな像の精妙な交錯によって織り上げられており、物質的な本質の形而上学的基盤がないのなら、自分たちが全体の一部だと認めることも、たぶんずっと簡単になるだろう。

一説には、あらゆるものに心がある。わたしたちには意識があり、そのわたしたちは陽子と電子で成り立っているのだから、陽子や電子にも何らかの「原意識」があるはずだという。

わたしにいわせると、このような主張、汎心論的な視点にはまったく説得力がない。まるで、自転車は原子でできているのだから、一つ一つの原子が「原自転車」でなければならない、といっているようなものだ。わたしたちが心的生活を送るには、ニューロン、感覚器官、肉体、脳で起きる複雑な情報処理が必要だ。これらすべてがそろわなければわたしたちの精神生活が存在しないことは、あらゆる証拠によって裏付けられている。

だが、基礎となっている各系に「原意識」があると考えなくても、凍り付いた「単純な物質」を迂回することはできる。互いの関係によって定まる変数とその相関という観点に立てばこの世界をはるかに上手に記述できる、ということを認めさえすればよい。そうすれば、客観的な物質と精神生活の粗雑な対立の軛《くびき》から逃れることができる。ことここに至って、心的世界と物理的世界の厳格な区別は消えて、心的な現象も物理的な現象もともに自然現象として捉えることができるようになる。この二つはいずれも、物理的な世界の部分同士が相互作用することで生み出されたものなのだ。

後は結論の章を残すだけとなったこの章では、この困難な歩みに向けたいくつかのつつましいヒントを提示しておきたい。

2 「意味」は何を意味しているのか

わたしたち人間は、意味の世界に生きている。わたしたちが使っている単語はすべて、何かを「意味している」。「猫」は、猫を意味している。わたしたちの考えには「意味がある」。考えは脳で生じるものだが、たとえば虎のことを考えるとき、わたしたちの関心は、脳のなかには存在しないものに向けられている。問題の虎は、この世界のどこにでも存在し得るのだ。この本を読んでいるみなさんには、ページやディスプレイ上のモノクロの線が見えているはずだ。「見る」という行為は脳のなかで起きているのに、モノクロの線は「外」にある。脳のなかで、ページ上の線と関係する過程が生じ、そこでそれらの線が意味を持つ。つまり、それらのモノクロの線は執筆しているわたしの考えと関係していて、今度はそれらの考えが、今わたしが思い描いているこの本の読者、すなわちみなさんと関係していて……という具合なのだ。

わたしたちの精神的過程が「何かに向かっている」ことを表す専門用語として、ドイツの哲学者で心理学者でもあるフランツ・ブレンターノが提唱した「志向性」という言葉がある。志向性は、意味の概念やわたしたちの精神生活全体の重要な特徴である。思考のなかで起きていることと、思考の「外側」で起きていること、つまり考えが意味するものの間には密接な関係がある。「猫」という単語と猫の間には密接な関係があり、道路標識とその道路標識が意味することの間にも密接な関係があるのだ。

こういったことは、自然界とはまったく無関係のように見える。物理的な出来事自体は、何も意味していない。彗星《すいせい》は、ニュートンの法則に従って移動しているが、別に道路標識を見るわけでもなく……。

もしもわたしたちが物理世界の一部であるのなら、このような意味の世界は、物理世界から生じているはずだ。でも、どんなふうに？　純粋に物理学的な言葉でいうと、意味の世界とはいったい何なのか。

わたしたちをその答えに導いてくれるのが、「情報」と「進化」の二つの概念だ。ただしどちらか片方だけでは、「意味」を物理の観点から理解することはできない。というわけで、この二つの概念について考えてみよう。

ℏℏ

クロード・シャノンの情報理論では、何かのあり得る状態の個数を数えることで、情報を定義する。実際、USBフラッシュメモリに保存されている情報の量はビットやギガバイトで表示されているが、その値は、じつはメモリを異なる何通りのやり方で配置できるかを示している。ビット数自体は、メモリに入っているものの意味を知らない。そもそもメモリの内容が何かを意味しているのか、それともただのノイズなのかも知らないのだ。

シャノンはまた、「相対情報」という概念を定義していて、わたしもこれまでの章でこの概念を用いてきた。それは二つの変数の物理的相関を測るためのもので、二つの変数をまとめて考えたときにあり得る状態の数が、各変数のあり得る状態の数の積より少ないとき、その二つの変数は「相対情報」を持っていることになる。

この「相対情報」という概念は純粋に物理的なもので、量子力学の中心になっている。相対情報は、この世界を織りなす相互作用によって作り出されるのだ。今、「相対情報」が意味と同じように異なる二つのものを結びつける、という点に注意しよう。だが、「相対情報」という概念だけで、「意味」の何たるかを理解できるわけではない。この世界は相関で一杯だが、そのほとんどは何も意味していないのだから。意味を理解するには、別の何かが必要だ。

ところが生物学的な進化が発見されたことによって、生き物について語る際に使う概念と自然界のそれ以外の事物について語る際に使う概念との橋渡しが可能になった。特に「有用性《ユーティリティ》」や「妥当性《レリバンス》」といった概念の生物学的な、ということは要するに物理的な起源が明確になったのだ。

生物圏は、生命の継続にとって役に立つ構造や過程からなっている。わたしたちの肺は呼吸するためにあり、目は見るためにあるように見える。ダーウィンは、ある構造がなぜ存在するのかを理解するには、その構造の効用《ユーティリティ》と存在の因果関係を逆転させればよいことに気がついた。それらの構造の（見る、食べる、息をする、消化する……生きることに貢献する、といった）機能は、それらの構造の目的ではない。話はまったくその逆で、それらの構造が存在するからこそ、生命体が生き延びられる。生きるために愛するのではなく、愛するから生きているのだ。

生命活動は、地球の表面で展開する一つの生化学的過程で、ありあまる「自由エネルギー」、つまりこの惑星に太陽の光として降り注ぐ「低いエントロピー」をどんどん消費する。その過程は、周囲と相互作用する個々の生物からなっており、それらの生物は、延々と続く動的平衡状態を維持する自動制御された構造や過程によって形成されている。ところがそれらの構造や過程は、生命体が生き延びて繁殖するためにあるわけではない。じつは因果はあべこべで、それらの構造がたまたま次第に発達していったからこそ、生物は生き延びることができ、繁殖できた。生物が地球上に棲んで繁殖しているのは、生物が機能的だからなのである。

ダーウィンがそのみごとな著作で指摘したように、このような考え方の起源は、少なくともエンペドクレスまで遡ることができる。[130] アリストテレスの『自然学』によると、エンペドクレスは、生命とは事物のごく普通の組み合わせによって偶発的に構造が形成された結果である、と述べたという。それらの構造のほとんどはすぐに消えるが、生き残るのに適した特徴を持つものだけが例外的に残っていく。それが、生命体なのだ。[131]

これに対してアリストテレスは、わたしたちは常に子牛が「きちんとした姿」で生まれてくるのを目にしているではないか、と反論する。考え得るすべての姿で生まれてくる子牛を目撃するのではなく、生存にもっとも適した姿の子牛だけが生まれるのを目撃している、[132]と。しかし今日では、エンペドクレスの考えを個体から種へと移し、遺伝および遺伝学に関するこれまでの知見によってさらに補強したものが事実上正しい、ということが判明している。

ダーウィンは、生物的構造の変異性と自然淘汰がきわめて重要であることをはっきりさせた。変異性があるからこそ、無数の可能性からなる空間を絶えず探り続けることができ、自然淘汰があるからこそ、その空間のさらに拡張された領域――そこでは生命構造と生命過程がともにさらなる持続性を発揮する――へのアクセスがじょじょに可能になっていく。分子生物学はわたしたちに、それが実際にどのような仕組みなのかを見せてくれる。

ところが面白いことに、こういったことすべてを理解したからといって、「有用性」や「妥当性」といった概念が重要でなくなるわけではない。むしろ逆に、この二つの概念の起源、つまり「有用性」や「妥当性」が物理的な世界にどのように根ざしているのかが明確になる。この二つの概念は、実際に生き残りを可能にする自然系の特徴なのだ。

変異性や自然淘汰がどんなにすばらしい概念であろうと、自然界から「意味」という概念がどのように生じるのかを、これらの概念だけで説明できるわけではない。「意味」には、変異性や淘汰とはつながりそうにない志向的な何かが含まれている。「意味」の意味は、ほかの何かを基盤としているのである。

ところがここで情報と進化という二つの概念を組み合わせると、小さな奇跡が起きる。

情報は、生物学でもいくつかの役割を果たしている。さまざまな構造や過程が、自身と同じものを何億年、時には何十億年にもわたって再生産しており、進化のゆっくりした流れだけがそれを変えていく。このように安定した再生産が行われるのは、主としてDNA分子のおかげで、DNAは祖先と似たり寄ったりなのだ。つまりそこには、悠久の流れを超えた相関、すなわち相対情報が存在する。DNA分子は情報をコード化して伝えていくが、情報がここまで安定していることは、生物のもっとも顕著な特徴といえるだろう。

ところが情報は、これとは別の形でも生物学と関連がある。というのも、生命体の内側にあるものと外側にあるものの間に相関があるからで、このような相関のほとんどは、生命体にとって特に意義があるわけではない。ところがなかには、ダーウィンの理論で定義された妥当性《レリバンス》の意味、すなわち生存や繁殖に有利という意味での、生命にとって意義ある相関が存在する。

今、岩が一つ、こちらに落ちてくるのが見える。[133] わたしがその岩を避ければ、命を落とさずにすむ。わたしが避けるという事実には何の不思議もなく、すべてダーウィンの理論で説明できる。避けなかった人々は岩に当たって死んだのであって、わたし自身は岩をよけようとした人々の末裔《まつえい》なのだ。そうはいっても避けるには、岩が自分のほうに向かっていることを、わたしの体が何らかの形で察知しなければならない。そのためには、わたしの内側の物理変数と岩の物理的な状態の間に物理的な相関が必要だ。そしてこのような相関は、明らかに存在する。なぜならまさにこれが視覚系の行っていることだからで、視覚系は、まわりの環境と脳内の神経過程を相関させる。外側と内側の間にはありとあらゆる種類の相関があるが、この相関には特別な性質がある。もしもこの相関が存在しなければ、あるいはその相関がうまく加減されていなければ、わたしは岩に打たれて死んでしまう。岩の状態とわたしの脳のニューロンを結ぶ内と外との相関には、ダーウィンの意味で直接的な妥当性《レリバンス》がある。その相関のあるなしによって、わたしの生存が左右されるのだ。

バクテリアには、餌となるブドウ糖の濃度勾配を探知できる細胞膜と、泳ぐのに使える鞭毛《べんもう》と、もっともブドウ糖が多い方向を示す生化学的なメカニズムが備わっている。細胞膜の生化学プロセスによって、ブドウ糖の分布とバクテリアの内側の生化学的状態の相関が決まり、そこからバクテリアが泳ぐ方向が決まる。この相関には、意義がある。もしもこの過程が遮られると、バクテリアは餌を得られず、生き延びるチャンスを失う。つまり、生存上の価値がある物理的相関が存在するのである。

このような妥当な相関の存在から、「意味」という概念の物理的な拠り所が明らかになる。

意味とは、妥当な相対情報なのだ。シャノンが定めた（物理的な）意味での相対情報で、しかもダーウィンが明確にした（生物学的、ということはやはり結局は物理的な）意味で妥当なもの。こうしてわたしたちは正しく、糖の濃度に関する情報はバクテリアにとって意味があるということができる。あるいは、わたしの脳裏の虎という考え、ということは、それに対応するニューロンの活動のありようが、まさに虎を意味するといえる。重要なのは相関であり、生命体が「気遣う」[134]のはそこなのだ。

このように定義することで、妥当な情報という概念は物理的なものになるが、同時にブレンターノの意味では志向的でもある。つまりそれは、（内側の）何かと（一般には外側の）別の何かとのつながりなのだ。そしてそこにはごく自然に、「真」とか「正しさ」といった概念がついてくる。バクテリアの内部の状態はあらゆる具体的な状況において、ブドウ糖の濃度勾配を正確に、あるいは不正確に反映するはずだ。したがって、「意味」を特徴付ける材料はたくさんある。

いうまでもなくわたしたちは、生存とは直接関連がない場面でも「意味」という言葉を使う。詩にはあまたの意味が満ちあふれているが、だからといって、わたしが生き残ったり、繁殖したりする確率が大幅に増えるとは思えない（それとも、若い女性がわたしのロマンチックな魂に惚れ込んで……確率が増えたりするのだろうか）。論理学、心理学、言語学、倫理学といった分野で「意味」と呼ばれるものはじつに幅広く、それらすべてを、直接妥当な情報という概念にまとめてしまうことはできない。けれどもこの言葉の守備範囲がここまで広がったのは、わたしたちの種の生物的文化的な歴史を経たからで、そもそもの始まりは、何か物理学に根ざしたものなのだ。その何かに、わたしたちのきわめて複雑な神経系や社会や言語や文化の明瞭な表現やつながりが付け加わってきたわけで、その何かは、妥当な相対情報なのだ。

言い換えると、妥当な相対情報という概念は、心的世界における意味の概念全体と物理世界とをつなぐ鎖の全体ではなく、その第一の、困難な輪なのである。それは、意味という概念に対応するものがいっさい存在しない物理世界から意味と意味のある信号にもとづく文法が支配する心的世界に向けての第一歩なのだ。そこに、わたしたちを特徴付けているさまざまな文脈や明確な表現——脳や、（意味を持つ過程である）概念やわたしたちの感情の状態を操る脳の力、ほかの人の心的過程や自分たちの言語や社会や規範と関わる脳の力——が付け加わることによって、多様でより完璧な「意味」の概念にじょじょに近づく何かが得られる。

物理的な概念と意味との最初のつながりが見つかってしまえば、残りは再帰的に得ることができる。妥当な情報に直接貢献しているすべての相関に意味があり、それらの相関に直接貢献しているすべての相関に……という具合に繰り返していけばよい。進化は明らかに、これらすべてをうまく活用してきた。

このような観察から、なぜ生物学的な過程や生物に起源を持つ過程においてのみ意味を語れるのかがはっきりしたわけだが、同時に、意味が物理世界における意味の概念に立脚しているのも事実だ。つまり意味は、自然界の外にあるわけではないのだ。したがって、自然主義〔すべての現象は自然過程の問題として説明でき、目的論や超自然的存在が入り込む余地はないとする説〕の領域にとどまったままで、志向性について語ることができる。意味は、何かと別の何かを結びつける。それは、生物学的な役割を果たす物理的なつながりであって、だからこそ、自然の要素は別の何かの妥当な記号になり得る。

　こうしてついに重要な論点へと到達する。物理世界を気まぐれな性質を持つ単純な物質という観点から見ると、相関は補助的な事実である。そこで、それらについて語るには、外から何かを付け加えなければならないような気がし始める。ところが量子力学によって、物理世界そのものが相関、つまり相対情報の網であることが明らかになった。自然界の事物は、尊大な個人主義に陥った孤立する要素の集まりではない。意味や志向性は、至るところに存在する相関の特別な例でしかない。わたしたちの心的生活における意味の世界と物理世界はつながっている。ともに、関係なのだ。

　わたしたちの物理世界を見る目と心的世界を見る目、この二つの差はこうして縮まる。

二つの対象物の間に相対情報があるということは、この二つを観察すれば相関が見つかるということだ。「みなさんが今日の空の色についての情報を持っている」というのは、みなさんに空の色を問うた後で自分も空を見てみると、みなさんが告げたことと自分が見ているものが一致するということで、このときみなさんと空には相関がある。したがって煎じ詰めると、二つの対象物（みなさんと空）が相対情報を持っているという事実には、第三の対象物（みなさんを観察しているわたし）が関わってくる。相対情報は——みなさんは覚えておいでだろうか——あのエンタングルメントのような、三者によるダンスなのだ。

　ところがここで、その対象物（みなさん）が、（動物や、人間や、人間が作った機械などのように）計算や予測を行えるくらい複雑だとすると、今いった意味で「情報を持」てば、必然的に予想もできることになる。みなさんが空の色に関する情報を持ったままで目を閉じれば、再び目を開けたときに見えるはずのものを、実際に見る前に予測できる。空は青いはずだ、と。みなさんは、より強い意味での空の色に関する「情報」を持っていて、自分に見えるはずのものが前もってわかるのだ。

　つまり相対情報という基本概念は、より複雑な情報の概念すべての基礎となる物理的構造であって、今度はそれらの情報が、意味論的な価値を持つ。

　これらの概念のなかには、物理世界のほかの部分を研究するわたしたち自身に関わる情報の概念もある。

　この世界に関する理論、すなわち世界観が首尾一貫したものであるのなら、そこで暮らす人々がそのような視点、そのような理論を持つに至った経緯を説明することができて、それが正しいということを示せるはずだ。

この条件は、素朴な唯物論にとっては悩みの種となるはずだが、物質とは相互作用や相関であると捉え直してしまえば、ちゃんと満たすことができる。

この世界に関するわたしの知識は、まさに意味ある情報を作り出す相互作用の結果の一例にほかならない。それは、外側の世界とわたしの記憶の相関なのだ。空が青ければ、わたしの記憶のなかには、青い空のイメージがある。わたしの記憶にこのような資源があるからこそ、目をいったん閉じて再び開いたときの空の色を予測できる。こうしてわたしが持つ空についての情報は、意味論的な価値を持つ。空が青いということがどういう意味なのかを、わたしたちは知っている。そして再び目を開いたときに、その意味を意識する。

これが、第四章の終わりで量子力学の公準を紹介する際に用いた「情報」という言葉の意味だ。

「情報」という言葉に二重の意味があるため、情報の概念そのものが両義的になる。わたしたちがこの世界を理解する際には、この世界に関する自分たちの情報が基盤となるが、じつはそれらはわたしたちとこの世界の（有益な）相関なのだ。わたしたちはこの世界を、内側から理解しているのである。

3 内側から見た世界

この章を締めくくるにあたって、もう一つ紹介しておきたいことがある。じつは、量子論が指し示す形で改めて現実について考えてみると、心的世界と物理的世界は根本的に違う、という神話を一掃することができるのだ。

心的世界と物理的世界に大きな違いがあることは、感覚的には明らかな気がするが、その差を正確に描写するのは難しい。心的世界には、意味、志向性、価値、目的、感情、美的感覚、倫理観、数学的直観、感覚、創造性、良心……などじつに多様な側面がある。そしてわたしたちの心は――記憶する、予測する、熟考する、推論する、興奮する、腹を立てる、夢を見る、希望する、見る、自分を表現する、空想にふける、創造する、悟る、知る、自己を認識する……などじつに多くのことを行う。一つ一つを取ってみれば、わたしたちの脳の活動のすべて、とまではいわなくてもその多くが、複雑な物理装置を使うことで概ね容易に真似できる活動とあまり違わないように見える。はたしてそこには何か、わたしたちが知っている物理学に生みい出せないものがあるのか。

デヴィッド・チャーマーズは意識の問題を二つに分けたうえで、一方を「簡単な」問題《イージープロブレム》、もう一方を「難しい」問題《ハードプロブレム》と名付けた。[135] チャーマーズのいうイージープロブレムですら、とうてい簡単とはいえない。なにしろ、わたしたちの脳はどのように機能するか、という問題なのだから。脳はどうやって、わたしたちが精神生活と関連付けているさまざまな振る舞いを生み出しているのか。これに対してチャーマーズのハードプロブレムとは、脳の活動に随伴して生じる主観的な意識経験《フィーリング》を理解することである。

チャーマーズによると、イージープロブレムはこの世界に関するわたしたちの手持ちの物理概念に照らして解決できるが、ハードプロブレムはそういかない。チャーマーズはこの点をはっきりさせるために、わたしたちに「ゾンビ」を思い描くよう求める。「ゾンビ」というのは、観察可能な人間の振る舞い（ミクロレベルの振る舞いも含む）をすべて模倣できる機械のことだ。つまり、外からはどんなに観察しても人間と区別できないが、主観的な意識経験は欠けている。チャーマーズにいわせれば、「そのなかには誰もいない」のだ。

そのような機械が存在するかもしれない、と想像できるということ一つを取ってみても、わたしたち生きている人間と、観察可能な人間の特徴はすべて模倣できるが主観的な感情を持たないゾンビに、「何か」違いがあることがわかる。そしてこの「何か」こそが、手持ちの物理世界の概念を使って主観的経験を語ろうとしたときに生じる困難なのだ。これこそが意識に関する問題である、とチャーマーズは主張する。

神経科学は、めざましい勢いで脳の機能への理解を深めている。ほとんどの機能が、遅かれ早かれ明らかになるだろう。では、脳の機能がすべて理解できたとして、それでもわたしたちの目を逃れて残る何かがあるのか。チャーマーズは、あると主張する。なぜなら「ハードプロブレム」の課題は、脳の活動がどのように行われるかを理解することにではなく、なぜそれらの活動に対応する主観的な経験が生じてそれをわたしたちが認識するのか、を理解することにあるからだ。つまり、わたしたちの心的生活と物理的世界の関係を理解するには、自分たちが物理的世界を外側から——ということは三人称で——記述しつつ、心的活動は内側から——すなわち一人称で——経験し記述している、という事実を考慮することが不可欠なのだ。

ところが、量子物理学が指し示す形でこの世界を捉え直すと、たぶんこの問いの表現が変わってくる。今かりにこの世界が関係から成り立っているとすると、外からの記述はどこにもないことになる。この世界の記述は、結局のところすべて内側からのもので、あらゆる記述が一人称なのだ。わたしたちのこの世界の見方、わたしたちの視点はこの世界の内側からのものであって（コロンビア大学の哲学教授ジェナン・イスマエルのみごとな表現によれば、「状況に埋め込まれた《シチュエイテッド》自己《セルフ》」[136]であって）、特別でもなんでもない。その視点は量子物理学と同じ——ということはすべての物理学と同じ——論理にもとづいている。

わたしたちが事物の全体を思い描く際には、自分は宇宙の外にいて、そこから対象を眺めているところを想像する。ところが事物の総体には「外側」がない。外側からの視点は、存在しない視点なのだ。[137] この世界の記述はすべて内側からのもので、外側から観察される世界は存在せず、そこには内側から見たこの世界の姿、互いを映し合う部分的な眺めしかない。この世界とは、相互に反射し合う景色のことなのだ。

量子物理学が示すところによると、無生物の間ですでにこういうことが起きている。同一の対象物との関係における属性が集まって、一つの眺めを形作る。ところが個々の眺めから抽出したものをすべて集めたとしても、事実を丸ごと再構成したことにはならない。こうしてわたしたちは、自分が事実の存在しない世界にいることに気づく。なぜなら事実は、ほかのものとの関係においてのみ事実であるのだから。量子力学の多世界解釈の難点はまさにここにあって、あの解釈は、外にいる観察者がこの世界と相互作用したときに予想されることを記述する。ところがこの世界には、外側の観察者など存在しない。あの解釈は、この世界の事実をつかみ損なっているのだ。

トマス・ネーゲルは有名な論文のなかで、「コウモリであるということはどのようなことなのか」[138]と問いかけたうえで、これは意義深い問いであるが、自然科学では捉えきれないと主張している。ネーゲルの間違いは、物理学が三人称による事物の記述だとした点にある。これはとんでもない誤解で、関係論的な解釈によると、物理学は常に一つの視点からの、一人称の現実の記述なのだ。

44

精神（心）の本質に関する見解は、一般に、三つしかないとされている。第一に、精神の現実と無生物の現実はまるで違うとする二元論。第二に、物質的な現実は精神のなかにしか存在しないとする観念論。そして最後に、精神的な現象はすべて物質の動きに還元できるとする素朴唯物論。二元論や観念論は、知覚を持つわたしたちがほかの事物と同じように自然の一部であるという発見や、わたしたち自身を含む観察可能なあらゆるものがおなじみの自然法則に従うことを裏付ける、増える一方の圧倒的な数の証拠と矛盾する。一方素朴実在論は、直感的に見ても、主観的な経験と両立しづらそうだ。

だがじつは、ほかにも選択肢はある。対象物の属性が別の対象物との相互作用によって生じるとすると、心的な現象と物理的な現象の隔たりはかなり小さくなる。物理的な変数も、心の哲学者たちのいう「クオリア」――「赤が見える」といった基礎的な心的現象――も、概ね複雑な自然現象と見なすことができるのだ。

物理学に関していえば、主観性というのは決して質的な飛躍ではない。もっと複雑になる（ボグダーノフなら「組織化」といったことだろう）必要はあるにしても、視点からなるこの世界には常にもっとも初歩的なレベルから存在していた。

思うに、「わたし」と「物質」の関係について考えるときにわたしたちが用いるこれら二つの概念は、いずれも紛らわしく、誤解を招きやすい。そのため、意識の本性に関する問いを巡る混乱が生じるのだ。

　何かを感じる「わたし」が、心的過程の統合された総体でないとしたら、いったい何なのか。自分のことを考えるとき、わたしたちは確かに統一されていると感じる。だがその統一感は、自分の体が統合されているということと、心的過程の意識と呼ばれている部分が一度に一つのことしか行わないというありようによって正当化されているにすぎない。この問題に登場する「わたし」は形而上学的過ちの残滓《ざんし》であって、過程と存在物とを取り違えるというよくある間違いの結果なのだ（マッハは、‘Das Ego ist unrettbar’「自我は救いようがない」と断言している。さらにボグダーノフは、政治的な言葉を使って、「個人とは、ブルジョアの物神崇拝《フェティシズム》の対象である」と述べたという[139]）。神経回路網の働きを解明した後で意識とは何かを問うのは、嵐の物理学を理解した後で嵐とは何かを問うようなもので、まったく意味がない。そこに感覚を「持っている人」を付け加えるのは、嵐という現象にユピテルを付け加えるようなもので、嵐の物理学を理解した後に、それでもやはり嵐をユピテルの怒りと結びつける「ハードプロブレム」――とチャーマーズならいうだろう――が残るというに等しいのである。

　わたしたちは確かに、これが「わたし」だ、という独立した実体を直感している。だがそれをいえば、かつてわたしたちは嵐の後ろにはユピテルがいると直感していたわけで……。それに、地球が平らだとも感じていた。わたしたちは、無批判な「直感」を通して現実の有効な理解を構築するわけではない。精神の本質に興味を持つ人間にとって内観は最悪の研究手段であり、自分自身の思い込みを探しまわって、その思い込みに溺れることになる。

だがそれよりひどいのが、この問題に登場する二つ目の「物質」という概念だ。これもまた、「質量と運動だけによって定義される普遍的な実体」というあまりに素朴な物質の概念に立脚した形而上学的過ちの残滓なのだ。なぜこの形而上学が間違っているかというと、量子物理学と矛盾するからだ。

過程や出来事、ひいては関係論的な属性や関係が織りなす世界の観点に立つと、物理的現象と心的現象の隔たりも、それほど深刻には見えなくなる。なぜならどちらも、相互作用が織りなす複雑な構造から生じる自然現象と見なせるようになるからだ。

44

この世界に関するわたしたちの知識は、多かれ少なかれ関連のあるさまざまな科学において、明確に表現されている。物理学がそのような知識の構成要素の一つとして果たしてきた役割は、量子によってあるいは空虚なものとなり、あるいは豊かになった。すべての基礎となる基本的実体を明らかにした、という十八世紀の機械論の主張は立ち消えになり、その一方で、現実の文法、つまり根本原理に関するわたしたちの洞察はさらに進んだ。たとえその推論が啞然とするようなものであったとしても、以前の総合《ジンテーゼ》よりも豊かで精妙であり、そのおかげでわたししたちはこの世界についてさらに明確に考察できるようになった。

この世界は、物理学のもっとも基礎的なレベルにおいて、相互補完的な情報の網なのだ。ダーウィン的な機械論の観点から見て意義のあるその情報は、わたしたちにとって意味を持つ。デモクリトスの断片115にあるように、「宇宙は変化であり、人生は自分の見解（Ὁ κόσμος ἀλλοίωσις. Ὁ βίος ὑπόληψις）」なのだ。宇宙は相互作用であり、生命は相対情報を組織する。わたしたちは、関係の網に縫い取られた繊細で複雑な模様であって、現在わかっている限りでは、その網が現実を構成している。

遠くから森を眺めると、深緑のビロードが目に入る。近づいていくと、そのビロードがばらけて、幹や枝や葉になる。幹の表皮、苔《こけ》、虫などなど、複雑そのものだ。テントウムシの一つ一つの目にはひじょうに精巧な細胞の構造があって、それらがニューロンにつながり、テントウムシを導いて生き延びさせる。一つ一つの細胞は都市であり、すべてのタンパク質は原子が集まる城である。そしてそれぞれの原子核のなかでは量子力学の地獄絵が展開し、量子場が励《れい》起《き》して、クォークやグルオンが渦巻いている。わたしが見ているのは小さな惑星の上のちっぽけな森で、その惑星は小さな恒星のまわりを回り、その恒星は一千億もの恒星からなる銀河に属していて、銀河が何兆個もある宇宙には、途方もない数の出来事がちりばめられている。宇宙のあらゆる片隅に、目もくらむような膨大な現実の階層構造が見出される。

わたしたちはこれらの階層に規則性を見出すことができ、自分たちにとって意味のある情報を集めて、それなりに矛盾のない各階層の像を描いてきた。一つ一つの像は似姿であって、現実が層に分かれているわけではない。わたしたちが現実を分けた結果できた階層や、そのようにして得られたかに見える対象物は、じつは自然とわたしたちの関わり方、わたしたちが意識と呼んでいる脳内の物理的な出来事の動的配位のなかでの関わり方なのだ。現実をどのような階層に分割するかは、自然とわたしたちの相互作用の仕方によって決まる。

基礎物理学もその例外ではない。自然は常にその単純な法則に従っているが、対象となる物事が複雑であるために一般法則が的外れになる場合も多い。女友達がマクスウェルの方程式に従っていることがわかったからといって、彼女を喜ばせられるわけではない。モーターの機能を学ぶ際には、素粒子間の核力は無視するのが一番だ。わたしたちはこの世界を、自律的で独立した階層に分けて理解している。だからこそ、異なる知の分野はそれぞれに自律的なのだ。その意味で、基礎物理学は物理学者たちが自負するほど有用ではない。

そうはいっても、分野同士はほんとうに分断されているわけではなく、化学の基礎は物理の言葉で理解できるし、生化学の基礎は化学の言葉で理解できて、生物学の基礎は生化学の言葉で理解できる、といった具合になっている。ある表現ではよくわかることが、ほかの表現ではよくわからなかったりするだけで、このような分断は、じつはわたしたちの理解不足によるものなのだ。この章のはじめのほうで「意味」という概念の物理的基盤を巡る問題を論じたのは、このためだった。

わたしたちは関係を基盤とする視点に立つことで、主観／客観、物質／精神の二元論からも、実在／思考や脳／意識の二項対立を克服することはできないという主張からも、遠ざかる。自分たちの体内で展開する過程、さらにはその過程と外の世界との関係を解明することができたとしたら、その後に理解すべき何が残るのか。わたしたちの意識の現象学とは、まさに、ニューロンが運ぶ信号のなかに含まれる妥当な情報の鏡のゲームで、それらの過程に割り振られた名前以外の何ものでもないのだが……。

　チャーマーズが「イージー」だとした問題はあいかわらず残っており、決して簡単ではなく、解決もしていない。脳の機能についてわかっていることはほんのわずかだが、だからといってわたしたちの心的生活に、すでにわかっている自然法則の観点からは決して理解できない何かがある、と考えるべき根拠はない。

　自分たちの心的生活を既知の自然法則の観点から理解することなどできるはずがない、という異議申し立てをよく見てみると、「わたしには理解できると思えない」という曖昧な言葉をなんの根拠もなく直感のままに繰り返しているにすぎないことがわかる。[140]* そうでなければ、自分たちの精神が人間の死後も生き続ける煙のような超自然的実体からなっている、という悲しい願望か……。しかしそんなことはとうていあり得ない。まったくぞっとする話だ。

　この章の冒頭にあげたアメリカの哲学者エリック・バンクスの言葉を借りると、「心身問題がどんなに神秘的であったとしても、わたしたちは常に思い出さねばならない。これが、自然にとってはすでに解決済みの問いだということを。後はわたしたちが、自然に沿ったやり方でその解を見つければよいだけなのだ」。量子論はその解をじかに与えるわけではないが、この問いに登場する概念を確かに変える。

＊ このような態度の一例として、トマス・ネーゲルの『精神と宇宙：唯物論的新ダーウィン主義の自然概念がほぼ確実に誤っている理由（*Mind and Cosmos: Why the Materialist Neo-Darwinian Conception of Nature is Almost Certainly False*）』（Oxford University Press, Oxford, 2012）がある。この本のなかではしつこく、「わたしには可能だと思えない、わたしには可能だと思えない」と繰り返されているが、ごく慎重に読んでみても、この主張を支える説得力のある論拠はいっさい見当たらなかった。ただ、自然科学の進歩への無関心と無理解と無知があからさまに宣言されているだけなのだ。

第七章　でも、それはほんとうに可能なのか

結論のない物語を、締めくくろうとする。

わが息子《こ》よ、確かにおまえは動揺しているように見える、
まるで、狼狽《ろうばい》しているかのように。さあ、元気を出しなさい。
われらのお祭り騒ぎはもう終わった。ここにいる役者たちは、
すでに告げたように、すべて妖精であり、
跡形もなく空に溶けていく。
そして、礎《いしずえ》もなく編み上げられた幻のように、
あの雲をいただく塔も、絢爛《けんらん》豪華な宮殿も、
荘厳な寺院も、この偉大なる天体そのものも、
ああそうなのだ、受け継がれたすべてが溶け、

そしてあの実体なき見世物が消えていったように、
ちぎれ雲一つ残らない。われらは、
夢を作る素材であり、われらのちっぽけな人生は、
眠りに囲まれているのだ。

最近の神経科学のきわめて魅力的な展開の一つに、人間の視覚系の機能に関する成果がある。わたしたちはどのようにしてものを見ているのか。目の前にあるのが本なのか、猫なのかを、どうやって知るのだろう。

まず受容体が目の網膜に達した光を探知して……と考えるのが自然な気がする。それらの受容体が光を電気的信号に変換して、その信号が脳の内部に伝わり、そこで一群のニューロンがさらに複雑なやり方で情報を作り上げ、最後にその情報を解釈して、問題の対象物を同定するのだ、と。色と色を分かつ線を認識するニューロンに、それらの線がなす形を認識するニューロン、そしてそれらの形を記憶に保存されているデータと照らし合わせるニューロンがあって……さらに別のニューロンが関わることで、ついにこれは猫だという認識に達する。

ところがどっこい、脳はそんなふうに機能していないことが明らかになった。じつは、逆向きに機能しているのだ。信号の大部分は目から脳にではなく、逆に脳から目へと向かっている。[141]

どういうことかというと、脳は、すでに知っていることや以前起きたことにもとづいて、見

えそうなものを予期しているのだ。目に映るはずのものを予測してその像を作る。その情報がいくつかの段階を経て、脳から目に送られる。そして、脳が予見したものと目に届いている光に違いがあると、その場合に限って、ニューロンの回路が脳に向けて信号を送る。つまり、自分たちのまわりからの像が目から脳へと向かうのではなく、脳の予測と違っていたものだけが脳に知らされるのだ。

視覚がこのように機能しているというのは、意外な発見だった。しかしよく考えてみると、これが、環境から情報を集めるもっとも効率的なやり方であることは明らかだ。すでに脳が知っていることを確認するためにいちいち信号を送るのはまったくの無駄であって、実際、情報技術の分野ではこれと似た技術を使って画像ファイルを圧縮している。メモリにすべての画素の色を入れるのではなく、色が変わる場所の情報だけを入れるのだ。これによって情報は少なくなるが、画像はきちんと再構成される。

この事実は、わたしたちが見ているものとこの世界の関係にとってひじょうに大きな意味を持っている。わたしたちがあたりを見渡すとき、じつは「観察」はしていない。では何をしているかというと、（誤解や偏見を含めて）自分たちが知っていることにもとづくこの世界の像を夢見ているのだ。そして無意識に、この世界とその像の間に不一致がないかどうかを精査し、必要ならその像を修正する。

言い換えればわたしたちは、外界を再構成した像を見ているわけではなく、自分が予期し、把握した情報にもとづいて修正を施した像を見ているのだ。このときに意味があるのは、自分たちがすでに知っていることを確認するための入力ではなく、自分たちの予測に反する入力なのである。

時には、猫が耳を動かした、というような些細な入力に意味があったりする。かと思えば、あっ、あれは猫じゃない！　虎だぞ！　というような、こちらの注意を喚起して別の仮説に飛びつかせるような違いに意味があったり。あるいはまったく新たな筋書きが飛び込んできたので、それが意味をなすような像を作ろうとしたり。わたしたちは、すでに知っている事柄と関連付けることで、自分たちの瞳に映ったものを理解しようとするのだ。

ひょっとするとこれは、脳の一般的な機能の仕方なのかもしれない。たとえばＰＣＭ（射影的意識モデル）と呼ばれる仮説は、意識とはこの世界や自分たちの身体が変動するがゆえに絶えず変動する入力を予測しようとする脳の不断の活動である、ということを前提にしている。表象は、観察された差異を用いて予測の間違いを最小限にする手法なのである。[142]

十九世紀フランスの哲学者イポリット・テーヌの言葉を借りれば、「知覚された外部とは、外部の事物と調和することが裏付けられた内側の夢なのだ。また、「幻覚」を誤った知覚と呼ぶのではなく、知覚された外部を「確認された幻覚」と呼ぶべき」なのだ。[143]

結局のところ科学は、ものを見る術の延長でしかない。わたしたちは、自分が予期したものとこの世界から集めたものとの食い違いを探し出そうとする。自分なりの世界像を持っていて、それがうまく機能しなかったときには、修正を加える。人間の知識全体が、そうやって作られてきたのだ。

視覚による像は、わたしたち一人一人の脳で瞬時に生じる。これに対して知識は、もっとずっとゆっくりと、何年、何十年、何百年もの時間をかけて、人類全体の濃密な議論のなかで発展していく。前者は一人一人の経験の組織化と関係があり、ニューロンや心理学の領域に属している。後者は経験の社会的な組織化と関係があり、その組織化の根っこには、科学が記述する物理的な秩序がある（ボグダーノフ曰く「心理的な秩序と物理的な秩序の違いは、結局のところ、個人的に組織化された経験と社会的に組織化された経験の違いである」[144]）。ところがこの二つは、じつは同じものなのだ。わたしたちは現実についての精神的な地図、すなわちわたしたちの概念の構造を更新して、よりよいものにしていく。そうやって、自分たちがすでに持っている考えと現実から届いたものとの違いを考慮に入れ、現実をさらに上手に読み解こうとする。[145]

それは、何か新しい事実を学ぶ、といった些細な違いなのかもしれない。あるいは、自分たちがこの世界を捉える際の、概念的な根本原理そのものに疑いを持つこともあるだろう。その場合には、自分たちの世界像をもっとも深いところから更新しようと試みる。そして、現実についで考えるための新たな地図、自分たちにとっての世界をもう少し正確に記述する地図を、発見する。

それが、量子論なのだ。

この理論から立ち現れる世界像には、確かにこちらを当惑させるところがある。なにしろ、わたしたちからすればいちばん自然に見えるもの、すなわち事物でできているこの世界、という単純な考えを手放さなければならないのだから。それが古い思い込みであり、もはや役に立たない古い乗り物であることを認めよう。

どうやら、堅固だったはずのこの世界の何かが宙に溶けてしまったらしい。まるで、サイケデリックな紫色や玉虫色の経験のように。そして、後に残されたわたしたちは、ただ茫然とするばかり。この章の冒頭でプロスペロが語っているように……「そして、礎もなく編み上げられた幻のように／あの雲をいただく塔も、絢爛豪華な宮殿も／荘厳な寺院も、この偉大なる天体そのものも／ああそうなのだ、受け継がれたすべてが溶け／そしてあの実体なき見世物が消えていったように／ちぎれ雲一つ残らない」

これは、シェイクスピアの最後の戯曲、『テンペスト』の最後の一節である。文学史上もっとも感動的なこの一節で、プロスペロ／シェイクスピアは想像力の翼でわたしたちを高く飛翔させ、いっとき観客自身の外に連れ出しながら、「確かにおまえは動揺しているように見える」といって慰める。「まるで、狼狽しているかのように。さあ、元気を出しなさい／われらのお祭り騒ぎはもう終わった。ここにいる役者たちは／すでに告げたように、すべて妖精であり／跡形もなく空に溶けていく」。そして最後に、「われらは／夢を作る素材であり、われらのちっぽけな人生は／眠りに囲まれているのだ」という不滅のつぶやきへと優しく溶けていく。

これは、量子力学に関するこの長く深い思索を終えんとする今、わたしが感じていることでもある。堅牢だったはずの物理的世界は、どうやら雲をいただく塔や絢爛豪華な宮殿のように、宙に消えてしまったようだ。現実は砕け、鏡のゲームとなった。

それでもなお、わたしたちはここで偉大なるエイヴォンの詩人、シェイクスピアの壮麗な想像力や人間の心への侵入について語っているわけではない。あるいは、どこかの想像力が過剰な理論物理学者による突拍子もない最新の思弁について語っているわけでもない。経験にもとづいて、辛抱強く合理的かつ厳格に基礎物理学を研究した結果、堅固な実在性が消えたのだ。それはこれまでに人間が見つけた最良の科学であって、現代技術の基盤となっており、その信頼性にはまったく疑いの余地がない。

もうそろそろ、量子論と真正面から向き合う頃合いだ。ごく限られた理論物理学者や哲学者の輪の外でもその本質について論じ、そこから抽出されるとびきり甘い夢のような蜜を現代文化全体に託すべきなのだ。*

ここに記してきたことが、この理論へのなにがしかの貢献になっているとよいのだが。

わたしたちが見つけた最良の現実の記述は、出来事が織りなす相互作用の網の観点からなされたものであり、「存在するもの」は、その網のはかない結び目《ノード》でしかない。その属性は、相互作用の瞬間にのみ決まり、別の何かとの関係においてだけ存在する。あらゆる事物は、ほかの事物との関係においてのみ、そのような事物なのだ。

どの像も不完全であって、いかなる視点にも頼ることなく現実を見る術はない。絶対的で普遍的な視点は存在しない。

それでも視点は互いにやり取りをし、知識は、それ自体との対話や現実との対話のなかに存在する。それらの視点は対話を通じて変わってゆき、豊かになり、収斂《しゅうれん》していく——そして、わたしたちの現実理解はいっそう深まる。

この過程の当事者は、現象からなる現実とは別の、現実の外にいる主体でもなければ、卓越した視点でもなく、現実そのものの一部である。その部分は、自然淘汰を通じて役に立つ相関、つまり意味がある情報を活用できるようになった。現実についてのわたしたちの語りもまた、現実の一部なのだ。関係が、わたしたちの「わたし」を、社会を、文化的な生活を、精神的政治的な生活を形作っている。

だからこそ、何百年もの間にわたしたちが成し得たすべてのことが、協働や応酬のネットワークのなかで達成されてきたのだろう。そんなわけで、協力による政治のほうが、競争による政治より賢明であり、有効なのだ……。

そしてまたそれゆえに、個としての「わたし」の概念自体が——青春時代のわたしを奔放な問いへと駆り立てた孤独で反抗的な「わたし」、何ものからも完璧に独立した自由な存在だと信じていたこの「わたし」が――結局は、自分もネットワークが織りなす網のなかのさざ波にすぎないことを悟る……。

はるか昔に、わたしを物理学へと向わせた数々の問い――現実の構造はどうなっているのか、人間の精神はどのように機能しているのか、わたしたちは現実をどう理解しているのかといった問い――の答えはまだ得られていない。それでもわたしたちは、学び続けている。物理学は、決してわたしを落胆させなかった。むしろわたしをうっとりさせ、唖然とさせ、混乱させ、クラクラさせ、落ち着かなくさせ、さえた目で暗闇を見つめる夜を重ねさせた。「でも、それってほんとうに可能なんだろうか。そんなことを信じられるのか？」と自問する夜を。その問いは、ラマ島の浜辺でチャスラフがつぶやいた問いであり、この本の始まりでもあった。

わたしにとって物理学は、現実の構造と思索の構造がもっとも密に編み合わさるところであ

＊もちろん程度の差こそあれ、すでに量子力学に真剣に根ざしたり刺激されたりした思索の流れがたくさん生まれている。ここで一つだけ例をあげておくと、カレン・バラドは、『宇宙と途上で出合う（*Meeting the Universe Halfway*）』（Duke University Press, Durham, NC, 2007）や「ポストヒューマニズム的行為遂行性：物質がいかにして重要になったかの理解に向けて（'Posthumanist Performativity: Toward an Understanding of How Matter Comes to Matter'）」（*Signs: Journal of Women in Culture and Society*, 28, 2003, pp.801-31）において、ニールス・ボーアの着想をじつにみごとに活用している。

り、この二つの絡み合いが、絶えざる進化の白熱する試練にさらされる場所でもある。物理学におけるわたしの旅は、思っていた以上の驚きに満ちた冒険だった。この目の前で、空間、時間、物質、思索、さらには丸ごとの現実が、摩訶不思議な巨大万華鏡のようにどんどん姿を変えていった。そしてわたしにとっては量子力学が――宇宙の無限の広がりでもなければ、その偉大な歴史の発見でもなく、アインシュタインの飛び抜けた洞察力ですらなく、まさに量子力学が――自分たちの頭のなかにある「現実」の地図を根本的に問い直す際の核となった。

ここでテーヌの言葉を借りると、古典的な世界像は、もはや確認された幻覚ではない。当面は、実体のない粉々になった量子の世界こそが、現実ともっともよく調和する幻覚なのだ。量子の発見がわたしたちにもたらした世界像には、めまいのしそうな、自由で陽気で軽い感じがある。「わが息子よ、確かにおまえは動揺しているように見える／まるで、狼狽しているかのように。さあ、元気を出しなさい……」。わたしを物理学へと引き寄せることになった若き日の好奇心が――当時のわたしは魔法の笛についていく子どものようなものだった――結局はわたしを思いもよらぬ魅力的な城へと導いてくれた。わたしには、一人の若者の北海に浮かぶ聖なる島への旅によって開かれた量子論の世界――この本で語ろうとした世界――が、途方もなく美しく見える。

ゲーテは最果ての風吹きすさぶヘルゴラント島について、地球上の「自然の果てしない魅力の一例となる」場所であって、この聖なる島ではヴェルトガイスト、つまり「世界精神」を経験できる、と述べている。[146] ひょっとするとその精神がハイゼンベルクに語りかけて、わたしたちの目にかかっていた霧を少しだけ晴らす手助けをしたのかもしれない……。

確固たる何かが疑われてばらばらにされるたびに、別の何かが開けて、さらに遠くが見えるようになる。岩のようにがっしりしたものが宙に溶けていくのを見ていると、はかなくほろ苦い自分たちの命の流れも、軽くなるような気がする。

事物は互いにつながっていて、互いを映し合い、十八世紀の冷たい力学には捉えられなかった明るい光を放っている。

たとえ、わたしたち自身が唖然とさせられたとしても、深い神秘を感じたとしても。

謝辞

ブルーへ、ありがとう。エマニュエラ、リー、チャスラフ、ジェナン、テッド、デヴィッド、ロベルト、サイモン、エウジェニオ、オレリアン、マッシモ、エンリコへ、たくさんのことについて、ありがとう。そしてアンドレアには、この著作の最初の草稿に貴重なコメントをくれたことを感謝する。アナベルとカシアナとサムのスター級のチームにも感謝を。それからサーミには郷愁を込めてその支えと友情に、グイドにはわたしの人生の道を指し示してくれたことに、ビルには十五年前にこれらの事柄に関するわたしの話にはじめて耳を貸してくれたことに、ウェインにはその洞察に、クリスにはその厚遇に、そしてアントニーノにはそのすばらしい示唆に感謝する。父には、もはやそこにいなくなっても、なおそこにいる、ということの意味をわたしに教えてくれたことを、シモーネとアレハンドロには、いっしょに世界一の研究グループを作ってくれたことを、ほんとうにありがたく思っている。ここで述べた問題について長年議論をしてきたわたしのすばらしい学生たち、物理学と哲学の僚友たち、そしてじつにすばらしい読者のみなさんにも、心からの感謝を。これらすべての人々が関係の不思議な網を織り上げていて、この本もまた、その網の一本の糸なのだ。

そして何よりも、ヴェルナーとアレクサンドル、ありがとう。

ヴェルナー・ハイゼンベルク

アレクサンドル・ボグダーノフ

図版クレジット

p.031, 059 ©Snap2Art/Shutterstock.com

p.063, 071 ©ElenaShow/Shutterstock.com, robodread/stock.adobe.com

p.068 ©Black Creator 24/Shutterstock.com, ElenaShow/Shutterstock.com, robodread/stock.adobe.com

p.074, 199 ©robodread/stock.adobe.com

p.077 ©Black Creator 24/Shutterstock.com, ElenaShow/Shutterstock.com

p.089 ©Black Creator 24/Shutterstock.com, ElenaShow/Shutterstock.com, Anton Belo/Shutterstock.com, robodread/stock.adobe.com

p.092 ©Clipart.Email, Black Creator 24/Shutterstock.com, ElenaShow/Shutterstock.com, Anton Belo/Shutterstock.com, Serz_72/Shutterstock.com, perapong/stock.adobe.com

p.201（写真左）©2020 Foto Scala, Firenze/bpk, Bildagentur für Kunst, Kultur und Geschichte, Berlin

日本語版解説

竹内　薫

ルネサンス的な知性による本

この本の著者カルロ・ロヴェッリは、一九五六年にイタリア北部のヴェローナに生まれ、ボローニャ大学、パドヴァ大学に学び、欧米の複数の大学で量子重力理論を研究してきた。美しい文体のわかりやすい物理学書を何冊も書いていて、ガリレオ文学賞なども受賞している。

イタリアといえば、ミケランジェロ・ブオナローティやレオナルド・ダ・ヴィンチなどルネサンス期の大物の名が思い浮かぶ。ミケランジェロは芸術家として有名だが、建築家・詩人でもあったし、レオナルドに至っては、音楽、数学、建築学、物理学、解剖学、地質学、エトセトラ、エトセトラ、専門分野が多すぎて列挙することすら難しい。

ロヴェッリも彼ら同様、博識で、この本にもそのようなルネサンス的知性がにじみ出ている。実際、量子物理学の解説書だと思ってこの本を手にした読者は、良い意味で期待を裏切られるだろう。ピランデルロ？　ボグダーノフにレーニン？　誰それ？　文学なの？　政治なの？　物理学の本じゃないの、これ？

たしかに、日本の感覚だと物理学は「超理系」「難しい数式だらけ」「複雑怪奇な実験設備」といったイメージが強いかもしれない。だが、それは、明治期に欧米から完成形の物理学を輸入してしまったからなのだ。物理学をルーツにまで遡れば、それはあくまでも「自然哲学」であり、この世界の仕組みをひもとく思想であり、その道具として数式や実験が使われるにすぎない。思想であるからには、文学や芸術や哲学などが渾然一体となって物理学者の脳裏を駆け巡るわけで、この本は、いわば量子物理学の真髄を解き明かした本なのだ。

この本は、量子力学の黎明期に活躍した偉大な物理学者たちの思索の過程と人間模様から始まる。次に、モノの姿が立ち消えてコト（＝関係性）が主役の座を奪ってゆく、現代思想としての量子物理学の世界が描かれる。そして、最終的に人間の意識や意味といった（科学では解明できないと多くの人が主張する）分野にまで果敢に斬り込んでゆく。

ロヴェッリの専門分野についても一言。

現代物理学の最大の難問の一つが、アインシュタインの重力理論（＝一般相対性理論）と量子力学の統一だ。これは、アインシュタインの見果てぬ夢であり、今でも世界中の物理学者たちが、この問題に取り組んでいる。そこにはさまざまなアプローチがあるが、ロヴェッリは「ループ量子重力理論」の研究者である。

この世界は素粒子からできているわけだが、その素粒子同士の相互作用のネットワークを見ていくと、あるとき「待てよ、最初に素粒子があって、それらが反応し合うのではなく、相互作用のネットワークの節（結び目）をわれわれが素粒子と呼んでいるにすぎないのではないのか？」という哲学的な疑問に突き当たる。まあ、鶏が先か卵が先か、みたいな感じである。もともとはイギリスの数理物理学者ロジャー・ペンローズのアイディアに端を発するのだが、その発展形こそがループ量子重力理論であり、ロヴェッリはこの分野の先駆者なのだ。

量子物理学の幕開け

本書の第一部は、弱冠二十三歳の物理学者ハイゼンベルクのヘルゴラント島でのひらめきから始まる。

「わたしはよく、思いを巡らしたものだった。若きハイゼンベルクは、海を見下ろす岩によじ登りながら、いったい何を考え、何を感じていたのだろう、と。北海の風が吹き付ける荒涼としたヘルゴラント島で、波立つ広大な海と向き合って日の出を待ちながら、いったい何を思っていたのか。人類がのぞき見たことのない、めくるめく自然の秘密を知る最初の一人となった、そのすぐ後で。しかも彼は、弱冠二十三歳だった」（二七ページ）

まるで小説のような書き出しだが、偉大なアイディアは、必ずしも大学の研究室ではなく、自然の中や真夜中やシャワーを浴びているときに思い浮かぶというから、ハイゼンベルクの場合も例外ではなかったのだろう。

さて、大学の理系に進むと、微分積分と並んで「行列」なるものの計算が必修になる。微分積分を学ぶのは、ニュートンとライプニッツが発見したせいだが、行列はハイゼンベルクが、量子力学に使われる新手《あらて》の数だと見抜いてしまったせいである。

数の表であるはずの行列が、ふつうの数の代わりに使われるなどと聞くと読者は驚くかもしれないが、これはいわば、これまで個人しかいなかった数の世界に、団体としての会社が参入したようなものだ。

頻繁に登場する「オブザーバブル」という言葉もなにやら難しげだが、要は、直接、実験装置などで観測できる量という意味である。われわれは東京から大阪に出張した人の話を聞けば、途中、静岡を通ったのだろうと推測するが、途中経路はオブザーバブルではない。新幹線を使わずに飛行機で行ったかもしれないし、場合によっては「出張」と言ってもオンラインだったかもしれない。証拠写真を撮って観測しない限り、途中の経路について語ることは意味がない。それを徹底していくと、素粒子が動いているときも、途中の経路について語ることはご法度になる。それが量子力学なのだ。

現代の理系大学生を悩ます問題は、二十世紀初頭の物理学者たちも悩ませた。行列の計算は面倒くさいのである！　そこに颯爽《さっそう》と登場した救世主がシュレーディンガーだ。

「当時のシュレーディンガーは、妻のアニーと妊娠中の愛人ヒルダと暮らしていたが、ヒルダはシュレーディンガーの助手の妻だった。その後、アメリカに移る話もあったが、結局それも頓挫した。ポストをオファーしてきたプリンストンに対して、生まれたばかりの小さなルートを育てるために、一つ屋根の下でそろって暮らしたいと申し出たのだが、名門大学としてはこのような家庭をとうてい容認できなかったのだ。そこで三人はさらなる自由を求めて、アイルランドのダブリン大学に移った。ところがそこでも二人の学生に子どもを産ませ、スキャンダルにまみれることになった……」（三三ページ）

いやはや、天才、色を好む、ということなのだろうか。ともかく、シュレーディンガーは、当時の人々が使い慣れていた波動方程式の形に量子力学をまとめ上げた。しかし、それまでの音波や電磁波をあらわす波動と異なり、量子の波動は抽象的な「確率の波」を意味するのではないかと、大きな論争が巻き起こった。

アインシュタインやシュレーディンガーらは、量子の波も音波や電磁波のように実在する波だと考えたのに対して、ハイゼンベルクやボルンらは、量子の波は（この世には実在せず、数学的な抽象空間に存在する）確率の波だと主張したのである。

さて、この本に出てくる唯一と言っていい数式がこれだ（四八ページ）。

$$XP-PX=i\hbar$$

Xは素粒子などの位置の量をあらわし、Pは運動の量（重さに速さを掛けたもの）をあらわす。ともに行列である。よく小学生の算数の問題で掛け算の順番なるおかしな概念を主張する先生がいるが、ふつうの数の場合、掛け算に順番は存在しない。しかし、行列の掛け算になると、順番が大事になる。順番を間違えたときの「差」がプランク定数と呼ばれる、めちゃめちゃ小さな定数なのだ。この数式は、実は、後に出てくる、量子の「情報」が有限であることと深く関係している（いわゆる不確定性）。

第一部には、実に大勢の物理学者が登場するが、読者はその個人的なエピソードを楽しんでもらいたい。そして、天才たちが、量子の性質について丁々発止の議論を戦わせていたことを知って欲しい。議論の詳細がわからなかったからと言って落ち込む必要はない。天才中の天才であったファインマンでさえ「量子は誰にも理解できない」と呟《つぶや》いていたのだから。

量子力学の解釈

量子力学の「意味」を巡り、いまだに物理学者たちは派閥を作っているように見える。ロヴェッリは、その代表的なものとして、多世界解釈、隠れた変数の理論、そしてQBイズムを挙げている。

「多世界解釈」では、ＳＦのように、量子の可能性（確率）に応じて無数の並行宇宙がある、と考える。だが、哀しいかな、現実となったわれわれの宇宙「以外」の宇宙と通信することができない。よって、その存在を証明することは不可能だ。

「隠れた変数の理論」は、東京から大阪に出張したのならば、途中の経路は存在したはずだ、という素朴な直観に訴える解釈だ。しかし、この解釈は、（アメリカを追放される憂き目に遭った）ボームがぎりぎりまで定式化したものの、複数の量子がある場合やアインシュタインの相対性理論との相性がよろしくない。そして、ベルが考案した不等式（経路があるかないかで、実験に差が出る）の不成立によって、息の根を止められたのだった。そう、量子には隠れていようがいまいが、経路という変数は存在しない！

QBイズムは、主観確率（ベイズ確率）と深く関係しており、ロヴェッリは「わたし」の視点から世界を見る点を弱点だととらえている。

このような解釈の代替案としてロヴェッリが提案するのが「関係性」である。この発想のルーツは、アインシュタインの相対性理論にある。それまでの（素粒子や原子や人間や惑星といった）モノが主役の座を追われ、（相互作用や対称性といった）関係性のネットワーク、すなわちコトが前面に出てくる。相対性理論では、観測者によって事実が異なる。時間の進み方や空間の長さも異なる。しかし、観測者同士は、変換式を使うことによって、互いの証言の食い違いを知ることができる。みんながバラバラの観測をして混乱するのではなく、相対性理論の数式を通じて「翻訳」が可能なのだ。この状況を「間主観性」と呼ぶ。

実は、量子力学も、観測の仕方によって事実が異なるため、相対性理論と同じく間主観性の理論であり、関係性の理論である。箱の中にいる猫という観測者と、箱の外から観測している人間とで、猫の状態に関する事実は異なるかもしれない。だが、量子力学の計算をしてみれば、必ずしも相手が間違っているのではないことがわかる。つまり、翻訳可能なのだ。

第二部にも難解に感ぜられる概念がたくさん登場するが、たとえば「情報の有限性」は、コンピュータのメモリーを思い浮かべるだけで、あたりまえだと理解できるはずだ。無限のメモリーを持つコンピュータなど存在しない。メモリーに蓄えられた情報は常に有限だ。

あえて、このあたりまえのことを強調しなくてはいけないのには理由《わけ》がある。ニュートンが確立した古典力学では、素粒子の位置も運動も、無限の精度で観測・測定できるとされた。それは、情報が無限の、いわば理想世界の物理学だったのだ。

それに対して、量子力学では、素粒子の位置を観測しようと思って光子をぶつけたとたん、その光子の衝撃によって素粒子はどこかへ弾き飛ばされるから、もはや運動状態を測定することができない（ハイゼンベルクの不確定性）。情報は有限なのだ。

哲学的な、あまりに哲学的な

というわけで、素粒子の関係性のネットワークが自然界の本質だと看破したロヴェッリの専門分野がループ量子重力理論であることはきわめて自然だ。モノからコトへ、そして間主観性という現代哲学の一つの到達点にロヴェッリが山の反対側からたどり着いたのも論理的な帰結だと言える。

第三部では、さらに話題が広がり、われわれにとっての「意味」や「意識」などが考察される。「関係」の数式だけを駆使することで、そういった人間の主観的な経験までもが説明できる、というロヴェッリの主張は斬新かつ挑戦的だ。東洋に住むわれわれにとって、色即是空といった言葉は幼少時から馴染みが深いが、西洋物理学は、アインシュタインの相対性理論と量子力学に至り、まさに自然界の色即是空に論理的に肉薄した。そしてロヴェッリが推し進めるループ量子重力理論は、（相対性理論と量子力学を統一して）最終ゴールになだれ込もうという試みなのである。

この本の最大の魅力は、おそらく、色即是空と現代物理学の共通点をわかりやすく説き起こした点にある。

物理学を専門的に学んだことのない読者には、現代物理学は哲学である、という強いメッセージが伝わったはずだ。そして、ある程度専門的に物理学を学んだことのある読者にも、数式や実験の背後にある偉大な先人たちの思想こそが、この学問の真髄であることが、改めて、伝わったのではないか。

永く読み継がれるべき、物理学の名著の誕生である。

訳者あとがき

これは、カルロ・ロヴェッリによる一般向けの第六作 *Helgoland*（ヘルゴラント島）の、イタリア語原書と英語版にもとづく日本語全訳である。

前作の『時間は存在しない（*L'ordine del tempo*）』も刊行と同時に世界的なベストセラーとなったが、その三年後の二〇二〇年に本書のイタリア語原書が、そして二〇二一年に著者自身が手を入れた英語版が刊行されると、またしても大評判となった。イタリア本国での発行部数はすでに十二万部を超えており、現時点で二十三カ国での刊行が予定されている。

イタリア語および英国版のタイトルこそ『ヘルゴラント島』といたってシンプルだが、米国版には「量子革命を理解する」という副題がついていて、実際この作品は物理学における量子論誕生のドラマから説き起こされている。しかし、「ということはつまり物理の本で、「理科系の人」向けの読み物なんだな」と決めつけるのはいかにも早計だ。なぜならロヴェッリと対話した人々は、次のような感想を寄せているのだから。

「あなたのこの本には、わたしが『ライラの冒険〔数々の賞を受賞したファンタジー小説シリーズ〕』を書きながら見出したことが書かれている。……アプローチはまったく異なるが、わたしたちは同じことをしようとしている。……〔本文一一八ページのナイフの例のように〕科学的な主張を、優れた文学

的比喩によって正確で具体的なイメージとしてみごとに展開している」[※1]（イギリスの作家フィリップ・プルマン）

「描写のみごとさには感服するばかり。……あなたが提唱している解釈には、わたしの彫刻作品を見た人々が、各自のバックグラウンドにもとづいて何かを感じ、さまざまなリアクションを起こす際の多様性に通じるものがある」[※2]（現代美術家コンラッド・ショウクロス）

これらの感想からもわかるように、この作品には「文学の人」や「アートの人」の心に訴える何かがある。

その一方で、『素数の音楽』の著者で数学者のマーカス・デュ・ソートイは、「ぼくが量子論を理解できたのは、ロジャー・ペンローズとこの本のおかげだ」[※3]と述べている。実際、本書の核にはもっとも成功した物理理論でありながら未だに不可解とされている量子論が据えられており、著者はその謎とされてきた部分にまっすぐ切り込んでいる。とはいえこれだけ薄くて小さな本では（イタリア語原書は新書判で、本文は二〇〇ページ）、さまざまな事柄を畳みかけるように説いて読者の納得を得ることは、まず不可能だ。だいいち量子論の謎を巡っては、今も数理

※1 "Carlo Rovelli and Philip Pullman: Science and Stories" 24 May 2021 on "Intelligence Squared"
※2 "Carlo Rovelli in conversation with Conrad Shawcross" 6 April 2021 on "The Royal Institution"
※3 "Carlo Rovelli on Helgoland in conversation with Marcus du Sautoy" 19 May 2021 on "5×15"

物理学の分野で活発に専門家の議論が続いており、とうていこの分量で語り尽くせるはずがない。

そこでロヴェッリはこの作品を本文と注の二段構えにして、従来一部の専門家だけが関心を持ってきた問題を、より多くの人々に開放しようとした。まずは、すでに定評のある〝物理学の詩人〟としての筆力を駆使して、とことん選び抜いたトピックを研ぎ澄ました言葉で紹介することで、物理学や量子力学の素養の多寡《たか》にかかわらず、読者を疾走感に満ちた満足いく「知の旅」に誘い、物理学の深さや面白さに触れてもらう。そこでは、量子力学やその誕生にまつわる諸々の事柄、その謎、さまざまな解釈などが紹介され、折に触れて科学や物理学や形而上学などに関する見解が披露される。

それはじつにスリルに満ちたガイド付きツアーで、読み手は、時には疑問符で頭をいっぱいにし、時にはなるほど、と膝を打つことになる。一人一人の読者が、「各自の背景にもとづいて何かを感じ、それぞれに固有のリアクションを起こす」魅力的な読書体験をするのだ。

そうはいっても、時には気になったトピックを深掘りしたくなることもあるだろう。そんなときにはロヴェッリが用意した、本文の長さからすると膨大ともいえる計百四十六個の注が役に立つ。さらりと触れてあったあのトピックについてもうちょっと知りたいなあと思ったら、それらの注にあげられている資料をひもといて、のんびりと楽しめばよい。著者の序文（「深淵をのぞき込む」）にもあるように、それらの注の一部は専門家向けなので、日本語に訳されていない著作や原論文も含まれているが、その一方で邦訳されている一般向け啓蒙書やオリジナルの論文（アインシュタインやシュレーディンガーの画期的な論文の一部も、日本語で読むことができる！）も相当数あがっているので、そこからアプローチしたり、さらにさまざまな啓蒙書※に当たってみれば、ロヴェッリの語る物語の厚みを改めて実感することができる（たとえ数式が登場したとしても、門外漢の読者はすべてを理解する必要はなく、雰囲気だけを楽しむという特権が許されているわけで……）。

つまりこの作品は、コンパクトで完成度の高い独立した存在であると同時に、量子論や物理学のさまざまなトピックのブックガイドとしても使えるのだ。

本書の根っこには、「コペルニクスの地動説、ダーウィンの進化論、アインシュタインの相対性理論、科学はすでに人々の世界観を深いところから変えるような理論をいくつも打ち出してきたが、そろそろ量子論をその仲間に加えるべきだ、なぜなら量子論は人々の世界観にそれだけのインパクトを与え得るものなのだから」というロヴェッリの主張がある。だがそのような主張が説得力を持つには、摩訶不思議に見える量子現象と日常生活での実感が矛盾なくきちんと接続されていなくてはならない。そこでロヴェッリは、一見奇異な量子現象をどう捉えるべきかを突き詰める一方で、それらの現象と両立しそうにない日常生活での実感や従来の世界

※　原注にない参考図書としては、たとえば、朝永振一郎『量子力学Ⅰ、Ⅱ』、吉田伸夫『明解量子重力理論入門』、木田元『マッハとニーチェ』、中村元『龍樹』などがある。

観を丁寧に見直していった。こうしてミクロレベルの量子現象とマクロレベルの「現実」とをすりあわせたうえで大胆に提示されたのが「関係に基盤を置く量子力学解釈」であり、そこから生まれた独自の「現実」観、世界観なのだ。

哲学の界隈でも真剣な分析の対象となっているロヴェッリの解釈は、じつはエルンスト・マッハ以来の伝統をきちんと継承している。自身も物理学者だったマッハは、従来の力学の歩みを再検討したうえで、科学は「絶対不変」な存在を大前提とする「形而上学」から自立すべきだと主張した。「関係によって定まる属性だけが存在する」というロヴェッリの見方もまた、「絶対不変な物質」という形而上学的概念からの解放なのだ。ロヴェッリはハイゼンベルクの方程式が指し示すところをあくまでも素直に受け止め、「形而上学からの自立を目指した」結果、「関係を基盤に置く量子力学解釈」にたどり着いた。マッハによれば、科学は現象の関数的な関係を「思考経済の原理」に従って、つまり余計なものを排して極力コンパクトに記述すべきなのだが（第三部）、その点でも、ロヴェッリの解釈はマッハの基準を満たしている。

それにしても、「関係に基盤を置く解釈」から導き出される結論が、じつははるか昔の仏教哲学に通じていたというのは、ロヴェッリにとって意外な発見だった。日本に暮らすわたしたちは、日常生活にさまざまな形で仏教が入っているからこそ、このつながりにどれくらいの強度があるのか（単なる東洋趣味《オリエンタリズム》なのか、そうでないのか）について、安易な断定を慎むべきだろう。だが逆に日本だからこそ、仏教哲学の一般向け書籍や専門書も多数刊行されており、実際に自分で調べてみることができる。

この作品を読み進めていって、一つ「ん？」と感じるのが、第五章の前半のボグダーノフを巡る記述だろう。ボグダーノフとレーニンとの論争が「科学的な姿勢」についての典型的な議論であったとしても、そのような議論はほかにもいろいろありそうなものだが……。それはおそらく、ロシア革命の時代、さらにはボグダーノフという人物のなかで、「科学（的思考）」と社会がもっとも直接的に絡み合っていたからなのだろう。はじめはごく限られた人々の関心事でしかなかった科学だったが、十八世紀以降の急激な技術の発展とともに、社会や知の世界における「科学」の存在感は急激に増し、さまざまな分野で「科学的手法」や「脱形而上学の姿勢」が強烈に意識されるようになった。その流れでマッハの科学哲学やマルクスの史的唯物論が登場したところに、ロシア帝政が崩壊し、新たな国を造るという緊急の課題が生じた。新たな国を造るといっても、その百数十年前のアメリカでは、社会の形としては従来の資本主義を採用し、合衆国憲法に知的財産を明記するという形で科学を社会に組み込んだわけだが、ロシアの場合は、すでに従来の社会のあり方を相対化するマルクスの思想が登場しており、「科学としての」史学、社会学を社会の基礎作りに役立てようという機運があった。そんななか、科学者としての素養があったボグダーノフは、マッハのいう科学的思考を大きな柱とした国造りを考えていたのである。

ロヴェッリは一貫して、自分と（科学と）社会の関わりを意識してきた。この世界の謎を知るために物理学を修めようと決意した後も、社会との関わりを求めて学生活動に参加し、さらに北米大陸を放浪した末に、物理学を通して社会と関わる、という新たな決意とともに大学にもどっている。また、前述のショウクロスとの対話でも、自分の解釈は「コペンハーゲン解釈の民主的バージョン」だと述べており、この言葉の選び方からもロヴェッリの姿勢の一端をうかがうことができる。そのようなロヴェッリだからこそ、ロシア革命における科学論争とボグダーノフの例を紹介することにしたのだろう。

著名な理論物理学者ブライアン・グリーンとロヴェッリは対談のなかで、「自分たちが書く本は、倫理的には、読了した人が、物理学によれば価値や意味のないこの世界に生きている自分に満足し、死ぬとわかっている自分の存在に満足できるものでなければならず、物理の語りによって安眠を妨げさせてはならない」、「基礎物理の説明から哲学の説明まで、さまざまなアプローチを理解したときに、それらは別々の洞察を与え、それらの洞察の集合体が、わたしたちにもっとも満足のいくこの世界の像を与えてくれる」という点で意見の一致を見ているが、※このような開かれた姿勢もまた、本作の特徴といえる。

ここでもう一つ、「開かれた姿勢」を巡るロヴェッリの工夫を紹介しておきたい。イタリア語原著の本文には、realtà（英語版ではreality）という言葉が計百二十回登場する。つまりこの単語の意味するものが重要なテーマなのだが、この単語は、（1）日本語の「現実、実際」といった日常的な意味から（2）哲学で使われる「実在」という意味までカバーしており、本書でも時と場合によって、この両方の意味を行き来している。ところが、（２）の場合に正確さを優先して哲学用語に置き換えてしまうと、哲学になじみのない読者にとってはその用語自体がハードルになる。しかるにロヴェッリは一貫して同じ言葉を使い続けているから、哲学になじみのない読者も余計な負担を感じずにすむ。いわばrealtàという単語がこの作品を貫く縦糸となって、哲学になじみがある人はある人なりに、（そしてロヴェッリはもちろん、なじみのない人にも本質が伝わるように書いているので）ない人はない人なりに、読書を楽しむことができるのだ。このような言葉選びにも、この話題を狭いサークルに閉じ込めまいとするロヴェッリの姿勢が反映されていると見てよいだろう。

本人曰く「ハードコアな唯物論者で、自然主義者《ナチュラリスト》で……、一般向けの講演会の前には大木を抱擁してエネルギーをもらう」というロヴェッリの懐の深さが存分に活かされたこの作品を、どうかみなさんも楽しまれますように。

最後になりましたが、前作に引き続きこの作品の訳を手がける機会をくださり、さまざまな形で助けていただいたＮＨＫ出版の加納展子さんと校閲の酒井清一さんに、心から感謝いたします。

冨永　星

※ "Until the end of Time: a digital talk with Brian Greene and Carlo Rovelli" 8 April 2021 on "Premio Cosmos"

原注

〔1〕 ハイゼンベルクの言葉は、W. Heisenberg, *Der Teil und das Ganze*, Piper, München, 1969（邦訳『部分と全体：私の生涯の偉大な出会いと対話』［湯川秀樹・山崎和夫訳、みすず書房］）からの引用に最小限の改変を行ったものである〔引用は本書ではイタリア語版からの訳しおろし〕。

〔2〕 N. Bohr, 'The Genesis of Quantum Mechanics', in *Essays 1958-1962 on Atomic Physics and Human Knowledge*, Wiley, New York, 1963.（邦訳『ニールス・ボーア論文集2：量子力学の誕生』［山本義隆編訳、岩波文庫］所収）

〔3〕 W. Heisenberg, 'Über quantentheoretische Umdeutung kinematischer und mechanischer Beziehungen（運動学的力学の関係の量子論的な再解釈について）', *Zeitschrift für Physik*, 33, 1925, pp. 879-93.

〔4〕 M. Born, P. Jordan, 'Zur Quantenmechanik（量子力学について）', *Zeitschrift für Physik*, 34, 1925, pp. 858-88.

〔5〕 P. Dirac, 'The Fundamental Equations of Quantum Mechanics（量子力学の基本方程式）', *Proceedings of the Royal Society A*, 109, 752, 1925, pp. 642-53.

〔6〕 ディラックは、ハイゼンベルクの表が非可換な変数であることに気づき、そこから、以前高等な力学の講座で出くわしたポアソン括弧を思い出したのだった。七十三歳のディラック自身が語るこの運命的な数年についての愉快な話を聞きたい方は、https://www.youtube.com/watch?v=vwYs8tTLZ24を参照されたい。

〔7〕 M. Born, *My Life: Recollections of a Nobel Laureate*（わが人生：ノーベル賞受賞者の回想）, Taylor & Francis, London, 1978, p. 218.

〔8〕 W. Pauli, 'Über das Wasserstoffspektrum vom Standpunkt der neuen Quantenmechanik（新しい量子力学の観点から見た水素のスペクトル）',

Zeitschrift für Physik, 36, 1926, pp. 336-63. これはまさに、名人技といっていいテクニックである。

［9］ F. Laudisa, *La realtà al tempo dei quanti: Einstein,Bohr e la nuova immagine del mondo*（量子の時代の現実：アインシュタイン、ボーアと新しい世界像）, Bollati Boringhieri, Torino, 2019, p. 115 に引用されている。

［10］ A. Einstein, *Corrispondenza con Michele Besso (1903-1955)*（ミケーレ・ベッソと取り交わした書簡［1903－1955］）, Guida, Napoli, 1995, p. 242.

［11］ N. Bohr, 'The Genesis of Quantum Mechanics（既出）'.

［12］ ディラックの用語では、q数。より現代的な用語では演算子、さらに一般的な言葉では、次の章で論じる方程式によって定義された非可換代数の変数と呼ばれている。

［13］ W. J. Moore, *Schrödinger, Life and Thought*, Cambridge University Press, New York, 1989, p.131.（邦訳『シュレーディンガー：その生涯と思想』［小林澈郎・土佐幸子訳、培風館］）

［14］ E. Schrödinger, 'Quantisierung als Eigenwertproblem (Zweite Mitteilung)', *Annalen der Physik*, 384, (6), 1926, pp. 489-527.（邦訳「固有値問題としての量子化（第二部）」『シュレーディンガー選集1：波動力学論文集』［田中正ほか訳、共立出版］所収）

［15］ つまり、アイコナール近似を逆に辿ったのである。

［16］ E. Schrödinger, 'Quantisierung als Eigenwertproblem (Erste Mitteilung)', *Annalen der Physik*, 384, 4, 1926, pp. 361-76.（邦訳「固有値問題としての量子化（第一部）」『シュレーディンガー選集1：波動力学論文集』［既出］所収）。シュレーディンガーはまず相対論的な方程式を書いてみたのだが、それが間違っていることに気がついた。そこでさらに、非相対論的な限界を調べてみたところ、うまくいった。

［17］ E. Schrödinger, 'Über das Verhältnis der Heisenberg-Born-Jordanschen

Quantenmechanik zu der meinem', *Annalen der Physik*, 384, 5, 1926, pp. 734-56.（邦訳「ハイゼンベルク－ボルン－ヨルダンの量子力学と私の力学との関係について」『シュレーディンガー選集1：波動力学論文集』［既出］所収）

〔18〕 この本を通じて、Ψは、波動関数、すなわち位置の基底を用いて表した量子状態か、あるいはヒルベルト空間のベクトルで表される抽象的な量子状態を指している。以下の考察では、この二つを区別する必要はない。

〔19〕 ジョージ・ウーレンベックのこと。A. Paisの 'Max Born's Statistical Interpretation of Quantum Mechanics（マックス・ボルンによる量子力学の統計的解釈）', *Science*, 218, 1982, pp. 1193-98 の引用による。

〔20〕 M. Kumar, *Quantum: Einstein, Bohr, and the Great Debate about the Nature of Reality*, Icon Books, London, 2010, p. 155（邦訳『量子革命：アインシュタインとボーア、偉大なる頭脳の激突』［青木薫訳、新潮社］）より引用。

〔21〕 同上、p. 220より引用。

〔22〕 E. Schrödinger, *Nature and the Greeks and Science and Humanism*, Cambridge University Press, Cambridge,1996.（邦訳『自然とギリシャ人　科学と人間性』［水谷淳訳、筑摩書房］ほか）

〔23〕 M. Born, 'Quantenmechanik der Stoßvorgänge（衝突事象における量子力学）', *Zeitschrift für Physik*, 38, 1926, pp. 803-27.

〔24〕 $\Psi(x)$の絶対値の二乗は、粒子がほかでもない点xで観察される確率密度を与える。

〔25〕 今ではカジノの規則が変わっており、このようなやり方は違法になる。

〔26〕 同様に、ハイゼンベルクの理論は、先立つ観察結果が与えられたときに、今後それが観測される確率を与える。

〔27〕 $B=2h\nu^{3}c^{-2}/(e^{h\nu/kt}-1)$

[28]　M. Planck, 'Über eine Verbesserung der Wienschen Spektraleichung（ウィーン分光式の一つの改良について）', *Verhandlungen der Deutschen Physikalischen Gesellschaft*, 2, 1900, pp. 202-204.

[29]　$E = h\nu$

[30]　A. Einstein, 'Über einen die Erzeugung und Verwandlung des Lichtes betreffenden heuristischen Gesichtspunkt', *Annalen der Physik*, 322, 6, 1905, pp. 132-48.（邦訳「光の発生と変脱とに関するひとつの発見法的観点について」『光量子論』［高田誠二訳、東海大学出版会］）

[31]　光電池はこの現象を利用したもので、ある種の金属の上では、光によって弱い電流が生じる。奇妙なことにこの現象は振動数が低い光では起きず、しかも光の強さとは関係がない。アインシュタインの理解によれば、光子の振動数が低い場合は、どんなに数が多くても、一つ一つのエネルギーが小さすぎて原子から電子をはじき出せないので、電流が生じないのである。

[32]　N. Bohr, 'On the Constitution of Atoms and Molecules（原子と分子の構成について）', *Philosophical Magazine and Journal of Science*, 26, 1913, pp. 1-25.

[33]　J. Baggott, *Quantum Space: Loop Quantum Gravity and the Search for the Structure of Space, Time and the Universe*（量子空間：ループ量子重力と空間、時間、宇宙の構造の探索）, Oxford University Press, Oxford, 2019 および、C. Rovelli, *Reality is Not What it Seems*, London: Allen Lane 2016（邦訳『すごい物理学講義』［竹内薫監訳、栗原俊秀訳、河出書房新社］）参照。

[34]　その後、N. Bohr, 'The Quantum Postulate and the Recent Development of Atomic Theory', *Nature*, 121, 1928, pp. 580-90（邦訳「量子仮説と原子理論の最近の発展」『ニールス・ボーア論文集1：因果性と相補性』［山本義隆編訳、岩波文庫］）として発表された。

[35]　P. Dirac, *Principles of Quantum Mechanics*, Oxford University Press, Oxford, 1930.（邦訳『ディラック　量子力学』［朝永振一郎ほか訳、岩波書店］）

〔36〕 J. von Neumann, *Mathematische Grundlagen der Quantenmechanik*, Springer, Berlin, 1932.（邦訳『量子力学の数学的基礎』［井上健ほか訳、みすず書房］）

〔37〕 J. Bernstein, 'Max Born and the Quantum Theory（マックス・ボルンと量子理論）', *American Journal of Physics*, 73, 2005, pp. 999-1008.

〔38〕 P. A. M. Dirac, *I principi della meccanica quantistica*, Turin: Vollati Boringhieri, 1968（邦訳『ディラック　量子力学』［既出］）と、あとの四冊は、L. D. Landau, E. M. Lisfits, *Meccanica quantistica*, Rome: Editori Riuniti, 1967（邦訳『量子力学（ランダウ＝リフシッツ理論物理学教程）』［佐々木健ほか訳、東京図書］など）、R. Feynman, *La Fisica di Feynman/The Feynman Lectures on Physics*, Vol. III, London: Addison-Wesley, 1970（邦訳『ファインマン物理学5：量子力学』［砂川重信訳、岩波書店］）、*La fisica di Berkeley / Berkeley Physics Course*（バークレーの物理学課程）, Zanichelli, Bologna, vol. IV, 1973 と、A. Messiah, *Quantum Mechanics*（量子力学）, vol. I, North Holland Publishing Company, Amsterdam, 1967 である。

〔39〕 A. Pais, *Ritratti di scienziati geniali. I fisici del XX secolo*（天才科学者たちの肖像：二十世紀の物理学）, Bollati Boringhieri, Torino, 2007, p. 31 の引用より。

〔40〕 E. Schrödinger, 'Die gegenwärtige Situation in der Quantenmechanik（量子力学の現状）', *Naturwissenschaften*, 23, 1935, pp. 807-12.

〔41〕 このためわたしたちは、日常の生活では量子力学に気がつかない。干渉の結果を目にすることがないからこそ、起きている猫と眠っている猫との量子的重ね合わせを、猫が眠っているのか否かを知らないという単純な事実に置き換えることができるのだ。あまたの変数と相互作用する対象物における干渉現象の抑制はよく理解されており、専門用語では「量子デコヒーレンス」と呼ばれている。

〔42〕 この歴史的な論争の様子をさらに詳しく再現した本はたくさんあって、たとえばマンジット・クマールの『量子革命』（既出）というすばらしい

作品や、最近では、フェデリコ・ラウディーザによる *La realtà al tempo dei quanti*（既出）がある。ラウディーザはアインシュタインの直感に賛成しているが、わたしはむしろボーアやハイゼンベルクの路線を取りたい。

[43] D. Kaiser, *How the Hippies Saved Physics: Science, Counterculture, and the Quantum Revival*（ヒッピーたちはいかにして物理学を救ったか。科学、カウンターカルチャーと量子のリバイバル）, W.W. Norton & Co, New York, 2012.

[44] この解釈の最近の擁護については、S. Carroll, *Something Deeply Hidden: Quantum Worlds and the Emergence of Spacetime*, New York: Dutton Books, 2019（邦訳『量子力学の奥深くに隠されているもの：コペンハーゲン解釈から多世界理論へ』[塩原通緒訳、青土社]）を参照されたい。

[45] 波Ψとシュレーディンガーの方程式を押さえたからといって、量子理論が定義できて、使えるわけではない。オブザーバブルの代数を詳細に記述しないことにはまったく計算もできず、自分たちが経験した現象とも結びつけられない。ほかの解釈では、このようなオブザーバブルの代数の役割がひじょうに明確になっているが、多世界解釈ではまったく判然としない。

[46] ボームの理論の紹介と擁護については、D. Z. Albert, *Quantum Mechanics and Experience*, Cambridge, Mass., Harvard University Press, 1992（邦訳『量子力学の基本原理：なぜ常識と相容れないのか』[高橋真理子訳、日本評論社]）を参照されたい。

[47] わたしたちと粒子との相互作用はきわめて微妙なやり方で行われており、理論が提示される際もあまりはっきりしないことが多い。測定機器の波は電子の波と相互作用するが、装置のダイナミクスを導くのは、電子の位置によって定まる共通の波の値である。したがってその推移は、実際に電子がどこにいるかによって決まる。

[48] もう一つ別の可能性もある。ひょっとすると量子力学は単なる近似であって、なんらかの特別な系では、隠れた変数が実際に正体を現すかもし

れない。だが今のところ、このような量子力学の予測の修正は見られない。

〔49〕 粒子の集合の配位空間〔配置空間とも〕。

〔50〕 これらの理論にはさまざまなバージョンがあるが、いずれもかなり人工的で不完全である。もっともよく知られているのが、以下の二つのバージョンで、一つ目はイタリアの物理学者ジャンカルロ・ギラルディとアルベルト・リミーニとトゥーリョ・ウェーベルが考案した具体的なメカニズム、そして二つ目が、ロジャー・ペンローズの仮説である。ペンローズの仮説によると、時空間の異なる配位間の量子的重ね合わせがある閾値（いきち）を超えたときに、重力によって崩壊がもたらされるという。

〔51〕 C. Calosi, C. Mariani, 'Quantum Relational Indeterminacy（量子の関係論的不確定性）', *Studies in History and Philosophy of Science. Part B: Studies in History and Philosophy of Modern Physics*, 71, 2020, pp. 158-69.

〔52〕 さらに正確にいうと、Ψという量は古典力学のハミルトン関数S（ハミルトン・ヤコビ方程式の解）のようなもので、計算の手段なのであり、現実の実体と捉えるべきではない。それが証拠にハミルトン関数Sは、事実上波動関数 $\Psi \sim \exp iS/\hbar$ の古典的極限である。

〔53〕 フィヒテ、シェリング、ヘーゲルの意味において。

〔54〕 量子力学の関係論的（リレーショナル）な解釈の専門的な紹介としては、plato.stanford.edu/archives/win2019/entries/qm-relational/ のサイトにある、E. N. Zalta (ed.), 'Relational Quantum Mechanics', *The Stanford Encyclopedia of Philosophy* を参照されたい。

〔55〕 N. Bohr, *The Philosophical Writings of Niels Bohr*（ニールス・ボーアの哲学的著作）, OxBow Press, Woodbridge, vol. IV, 1998, p. 111.

〔56〕 ここでわたしが述べているのは、変数で表される可変な属性である。つまり、位相空間で関数によって記述されるものであって、粒子の非相対論的な質量（静止質量）といった不変な属性ではない。

[57] ある事象がある石に対して現実となるのは、その事象がその石に作用した場合や、何かを変えた場合に限られる。もしも石が落ちたとして、その事象と石との間で当然生じたはずの石に対する干渉現象が起きなければ、その事象は石に対して現実ではない。

[58] *e1*という出来事が、「Aとは関係しているが、Bとは関係していない」というのは、以下のことを意味している。すなわち、*e1*はAに働きかけるのだが、*e2*という出来事があって、これはBに働きかける可能性がある。ただし、*e1*がBに働きかけると、*e2*のBへの働きかけは不可能になるのである。

[59] Ψという波に関係のなかで定まる性質があることに最初に気がついたのは、若きアメリカ人、ヒュー・エヴェレット三世だった。一九五〇年代半ばに院生だったエヴェレットは「量子力学の基礎について」と題する学位論文をまとめて、量子を巡る議論に大きな影響を及ぼすことになった。

[60] A. Aguirre, *Cosmological Koans: A Journey to the Heart of Physical Reality*（宇宙論的な公案：物理的現実の核心への旅）, W. W. Norton & Co, New York, 2019.

[61] 『自然とギリシャ人　科学と人間性』（既出）

[62] C. Rovelli, *Che cos'è la scienza. La rivoluzione di Anassimandro*（科学とは何か。アナクシマンドロスの革命）, Mondadori, Milano, 2011. 英訳版は、*The First Scientist : Anaximander and his Legacy*（最初の科学者：アナクシマンドロスとその遺産）, Whestholme, Chicago, 2011。

[63] J. Yin et al., 'Satelite-based Entanglement Distribution over 1200 Kilometers（衛星からの一二〇〇キロメートルを超えるエンタングルメントの伝達）', *Science*, 356, 2017, pp. 1140-44.

[64] J. S. Bell, 'On the Einstein, Podolsky, Rosen Paradox（アインシュタイン＝ポドルスキー＝ローゼンのパラドックスについて）', *Physics Physique Fizika*, 1, 1964, pp. 195-200.

〔65〕 ベルの議論はきわめて微妙で技巧的だが、信頼できる。興味を持たれた方は、*Stanford Encyclopedia of Philosophy:* https://plato.stanford.edu/entries/bell-theorem/ を参照されれば、細かい点まで知ることができる。

〔66〕 今、Ψ_1をある対象物のシュレーディンガーの波とし、Ψ_2を二つ目の対象物の波とすると、直感的には、Ψ_1とΨ_2さえわかれば、この二つの対象物に関して観察可能なすべてが予測できると考えたくなる。ところがそうはいかない。二つの対象物全体に対するシュレーディンガーの波は、個別の二つの波と同じではなく、ほかの情報を含むより複雑な波となるのだ。二つの対象物の間で起こり得る量子相関についての情報は、Ψ_1とΨ_2の二つの波だけでは書けない。これを形式的に言いかえると、二つの系の状態は、二つのヒルベルト空間のテンソル和$H_1 \oplus H_2$ではなく、それらのテンソル積$H_1 \otimes H_2$で記述される、ということになる。二つの系の波動関数の一般的な形は、いかなる基底を用いても、$\Psi_{12}(x_1,x_2) = \Psi_1(x_1)\Psi_2(x_2)$ではなく、より一般的な形になる。その波動方程式は、「$\Psi_1(x_1)\Psi_2(x_2)$に現れる形の項」の量子的重ね合わせになっていて、エンタングル状態を含んでいるのだ。

〔67〕 分析哲学の語法によれば、関係は、単一の対象物の状態からは生じない。必然的に、内的事象ではなく外的事象なのだ。

〔68〕 なぜなら、AとBを観察された属性とし、OAとOBをその属性と相関する観察者の変数としたとき、$|A\rangle \otimes |OA\rangle + |B\rangle \otimes |OB\rangle$というエンタングルの状態にあるとすると、$A$の測定によって系は崩壊して$|A\rangle \otimes |OA\rangle$という状態になり、そのためその後で観察者の変数を測定すると、OAになるからだ。

〔69〕 部分系のヒルベルト空間のテンソル構造のこと。

〔70〕 これは、情報理論を紹介した古典ともいうべき文献 C. E. Shannon, 'A Mathematical Theory of Communication', *The Bell System Technical Journal*, 27, 1948, pp. 379-423（邦訳『通信の数学的理論』［植松友彦訳、筑摩書房］）に載っている、シャノンによる「相対情報」の定義である。シャノンは、この定義が知能や意味論とは無関係であることを強調している。

[71] これらの公準は、筆者による'Relational Quantum Mechanics（関係論的量子力学）', *International Journal of Theoretical Physics*, 35, 1996, pp. 1637-78; https://arxiv.org/abs/quant-ph/9609002 で導入された。

[72] その位相空間のリウヴィルの体積は有限である。各物理系は、有限体積の位相空間で適切に近似される。

[73] たとえば、1/2のスピンを持つ粒子のスピンを異なる二つの方向に沿って測定した場合、二回目の測定結果が得られたことによって、第一の結果は将来のスピンの測定結果の予測とは関連がなくなる。

[74] 注70で引用したシャノンの論文で紹介されているのと同じような着想は、A. Zeilinger, 'On the Interpretation and Philosophical Foundation of Quantum Mechanics（量子力学の解釈と哲学的基礎）', *Vastakohtien todellisuus, Festschrift for K.V. Laurikainen*, U. Ketvel et al. (eds.), Helsinki University Press, Helsinki, 1996 や Č. Brukner, A. Zeilinger, 'Operationally Invariant Information in Quantum Measurements（量子測定における操作で変わらない情報）', *Physical Review Letters*, 83, 1999, pp. 3354-57 に、それぞれ独立に登場している。

[75] より正確にいうと、いかなる物理系のいかなる自由度でも、その状態の位相空間における位置を$\hbar$より高い精度で突き止めることはできない（$\hbar$という定数は、位相空間において体積の次元を持つ）。

[76] W. Heisenberg, 'Über den anschaulichen Inhalt der quantentheoretischen Kinematik und Mechanik（量子論的な運動学および力学の記述的内容について）', *Zeitschrift für Physik*, 43, 1927, pp. 172-98.

[77] ハイゼンベルクとボーアは当初、ある変数を測定することでもう片方の変数が変わるという事実を実体として解釈しようとした。つまり、粒状性があるので、観測する対象の状態を不変に保つような繊細な測定を行うことは不可能だと考えたのだ。ところがアインシュタインにしつこく批判されるうちに、事がもっと微妙だということに気がついた。ハイゼンベルクの原理は、位置と速度に確定値があるにもかかわらず、片方を測定するともう片方が変わるので両方を知ることはできない、といって

いるのではない。量子は完璧に定まった位置や速度を絶対に持ち得ない、と主張しているのだ。量子の位置や速度は、相互作用によってのみ決まるのであって、その結果、どちらかがどうしても不確定になってしまうのである。

[78] オブザーバブルは、非可換代数を形成する。

[79] この事実は、「量子デコヒーレンス」という現象できちんと説明できる。変数がたくさんある環境では、量子的干渉現象が見えなくなるのだ。

[80] この点は、A. D. BiagioとC. Rovelliの論文、'Relative Facts, Stable Facts（相対的な事実と堅固な事実）', https://arxiv.org/abs/2006.15543 で明確に説明されている。

[81] 中心極限定理。もっとも簡単な形で表すと、N個の変数の和の揺らぎは、一般に$\sqrt{N}$に比例して増えるという定理で、これはつまり、揺らぎの平均は$\sqrt{N}/N$のオーダーとなって、Nが大きくなるとともにその値はゼロに向かうということを意味する。

[82] V. Il'in, *Materializm i empiriokriticizm*, Zveno, Moskva, 1909.（邦訳『唯物論と経験批判論』［森宏一訳、新日本出版社］ほか）

[83] たとえば（わたし自身はその結論に全面的に賛成ではないが）、D. Bakhurst, 'On Lenin's Materialism and Empiriocriticism（レーニンの唯物論と経験批判論）', *Studies in East European Thought*, 70, 2018, pp. 107-19, https://doi.org/10.1007/S11212-018-9303-7 と、そこにあげられている参考文献を参照されたい。

[84] A. Bogdanov, *Empiriomonizm. Stat'i po filosofii*, S. Dorovatovskiji and A. Čarušnikov, Moskva - Sankt Peterburg, 1904-1906; 英訳は、*Empiriomonism: Essays in Philosophy*（経験一元論）, Books 1-3, Brill, Leiden, 2019。

[85] たとえば、D. G. Rowley, 'Alexander Bogdanov's Holistic World Picture: A Materialist Mirror Image of Idealism（アレクサンドル・ボグダーノフの全体論的世界像：観念論の唯物論的鏡像）', *Studies in East European*

Thought, 72(3),2020, https://doi.org/10.1007/S11212-020-09395-X を参照されたい。

〔**86**〕 マッハの着想の鋭い要約とその思想の興味深い再評価については、E. C. Banks, *The Realistic Empiricism of Mach, James, and Russell: Neutral Monism Reconceived*（マッハ、ジェームズとラッセルの現実的経験論：中立的一元論再考）, Cambridge University Press, Cambridge, 2014 を参照されたい。

〔**87**〕「大西洋には低気圧があった。その低気圧はロシアを覆っている高気圧帯に向かって東に動いていたが、まだこの高気圧を避けて北に向かう気配は見せていなかった。等温線と等暑線が、その機能を果たしていたのである。気温は、年間の平均気温や月ごとの温度の不規則な揺れからして妥当だった。日や月の出入りや月の相、金星の相や土星の輪をはじめとする多数の重要な現象は、すべて天文年鑑に載っている予報と一致していた。空気中の蒸気は最大の圧力を示していたが、湿度は最小だった。以上の事実をかなり正確に一言でいうと、いささか古風な言い回しではあるが、一九一三年八月の、ある晴れた日のことだった、となる」（ロベルト・ムージル『特性のない男』第一巻より）

〔**88**〕 F. Adler, *Ernst Machs Überwindung des mechanischen Materialismus*（エルンスト・マッハ　機械的唯物論の超克）, Brand & Co, Wien, 1918.

〔**89**〕 E. Mach, *Die Mechanik in ihrer Entwicklung historischkritisch dargestellt*, Brockhaus, Leipzig, 1883.（邦訳『マッハ力学史：古典力学の発展と批判』［伏見譲訳、講談社］ほか）

〔**90**〕 E. C. Banks, *The Realistic Empiricism of Mach, James, and Russell*（既出）.

〔**91**〕 B. Russell, *The Analysis of Mind*, London and New York：Allen & Unwin/Macmillan, 1921.（邦訳『心の分析』［竹尾治一郎訳、勁草書房］）

〔**92**〕 A. Bogdanov, 'Vera i nauka O knige V. Il'ina *Materializm i empiriokriticizm*', in *Padenie velikogo fetišma (Sovremennyj krizis ideologii)*, S. Dorovatovskij & A. Čarušnikov, Moskva, 1910.（邦訳「信仰と科学: V・イリイン

の著書『唯物論と経験批判論』について」『信仰と科学』[佐藤正則訳、未來社]所収)。マッハの思想に関する詳細な議論は、A. Bogdanov, *Priključenija odnoj filosofskoj školy*(ある哲学学派の冒険), Znanie, Sankt Peterburg, 1908 にある。ボグダーノフの著作の英語版は、https://www.marxists.org/archive/bogdanov/index.htmにある。完全な書誌は、https://monoskop.org/Alexander_Bogdanov#Links を参照されたい。

[93] カール・ポパーもまた、レーニンと似た形でマッハをひどく誤解している。K. Popper, 'A Note on Berkeley as Precursor of Mach and Einstein(アインシュタイン、マッハの先駆者としてのバークリについての覚え書き)', *The British Journal for the Philosophy of Science*, 4, 1953, pp. 26-36.

[94] 「唯物論の哲学がそれを認める立場にある物質の唯一の属性は、客観的な実在であるという性質、われわれの精神の外に存在するという性質である」(『唯物論と経験批判論』[既出]第五章)

[95] 『マッハ力学史:古典力学の発展と批判』(既出)

[96] そしてこれでもまだ足りないというのなら、『マッハ力学史:古典力学の発展と批判』(既出)の4.9の脚注をお読みいただきたい。まるで、優秀な学生がアインシュタインの一般相対論の基盤を形成した考えをせっせと説明しているようにも見えるが、その説明が書かれたのは一八八三年……つまりアインシュタインが一般相対性理論を発表する三十二年前なのである。

[97] B. D. Wolfe, *Three Who Made a Revolution: A Biographical History of Lenin, Trotsky and Stalin*, Beacon Press, Boston, 1962, p.517.(邦訳『三人の革命者』荒畑寒村訳、実業之日本社)

[98] D. Bakhurst, *On Lenin's Materialism and Empiriocriticism*(既出).

[99] D. W. Huestis, 'The Life and Death of Alexander Bogdanov, Physician(物理学者アレクサンドル・ボグダーノフの生と死)', *Journal of Medical Biography*, 4, 1996, pp. 141-47.

〔100〕 Brill, *Bogdanov's Autobiography*（ボグダーノフの自伝）, https://brill.com/view/book/edcoll/9789004300323/front-7.xml

〔101〕 D. Bakhurst, *On Lenin's Materialism and Empiriocriticism*（既出）.

〔102〕 W. Ming, *Proletkult*, Einaudi, Torino, 2018.

〔103〕 K. S. Robinson, *Red Mars, Green Mars, Blue Mars*, New York: Spectra, 1993-96.（邦訳『レッド・マーズ』、『グリーン・マーズ』、『ブルー・マーズ』〔大島豊訳、早川書房〕）

〔104〕 ダグラス・アダムズによる、一九九八年九月にケンブリッジで開催されたDigital Biota 2における記念スピーチより。http://www.biota.org/people/douglasadams/index.html

〔105〕 たとえば、アインシュタインが光を満たした箱による思考実験とともに示した反論へのボーアの応答は間違っていた。ボーアは一般相対性理論を引き合いに出したが、一般相対性理論はこの問題とは無関係で、遠く離れた対象物同士のエンタングルメントが関係していたのだ。

〔106〕 N. Bohr, *The Philosophical Writings of Niels Bohr*（既出）.

〔107〕 M. Dorato, 'Bohr meets Rovelli: a Dispositionalist Accounts of the Quantum Limits of Knowledge（ボーア、ロヴェッリと出会う：知識の量子的限界についての傾向性理論的説明）', *Quantum Studies: Mathematics and Foundations*, 7, 2020, pp. 233-45; https://doi.org/10.1007/s40509-020-00220-y

〔108〕 アリストテレスにとって、関係は実体の属性だった。何か別のものに対する実体の属性なのだ（『範疇論』〔カテゴリアイとも〕7, 6-a, 36-37）。さらにいえば、あらゆるカテゴリーのなかで、関係性こそが「実体であり存在であることがもっとも少ない」ものだった（『形而上学』XIV, 1, 1088a, 22-24, 30-35）。わたしたちは違う考え方をできるのか。

〔109〕 C. Rovelli, 'Relational Quantum Mechanics（既出）'; *The Stanford Ency-*

clopedia of Philosophy のRelational Quantum Mechanicsの項目を参照。

〔110〕 B. C. van Fraassen, 'Rovelli's World（ロヴェッリの世界）', *Foundations of Physics*, 40, 2010, pp. 390-417; www.princeton.edu/~fraassen/abstract/Rovelli_sWorld-FIN.pdf

〔111〕 M. Bitbol, *De l'intérieur du monde: Pour une philosophie et une science des relations*（世界の内側から：関係の哲学と科学のために）, Flammarion, Paris, 2010.（関係論的量子力学は第二章で論じられている）

〔112〕 F.-I. Pris, 'Carlo Rovelli's Quantum Mechanics and Contextual Realism（カルロ・ロヴェッリの量子力学と、状況依存的実在論）', *Bulletin of Chelyabinsk State University*, 8, 2019, pp. 102-107.

〔113〕 P. Livet, 'Processus et connexion（プロセスとつながり）', *Le renouveau de la métaphysique*（形而上学の復活）, S. Berlioz, F. Drapeau Contim, F. Loth (eds.), Vrin, Paris, 2020.

〔114〕 たとえば、S. French と J. Ladyman の 'Remodeling Structural Realism: Quantum Physics and the Metaphysics of Structure（構造的実在論のモデルの再構成：量子物理学と構造の形而上学）', *Synthese*, 136, 2003, pp. 31-56; S. French, *The Structure of the World: Metaphysics and Representation*（世界の構造：形而上学と表象）, Oxford University Press, Oxford, 2014 を参照。

〔115〕 M. Dorato, 'Rovelli's Relational Quantum Mechanics, Anti-Monism, and Quantum Becoming（ロヴェッリの関係論的量子力学、反一元論と量子の生成）', in A. Marmodoro and D. Yates (eds.), *The Metaphysics of Relations*（関係の形而上学）, Oxford University Press, Oxford, 2016, pp. 235-62.; http://arxiv.org/abs/1309.0132

〔116〕 L. Candiotto, 'The Reality of Relations（関係の実在性）', *Giornale di Metafisica*, 2, 2017, pp. 537-51; philsci-archive.pitt.edu/14165/

〔117〕 M. Dorato, 'Bohr meets Rovelli（既出）'.

［118］ J. J. Colomina-Almiñana, *Formal Approach to the Metaphysics of Perspectives: Points of View as Access*（パースペクティブの形而上学への形式的アプローチ：アクセスとしての視点）, Springer, Heidelberg, 2018.

［119］ A. E. Hautamäki, *Viewpoint Relativism: A New Approach to Epistemological Relativism Based on the Concept of Points of View*（視点相対主義：視点という概念にもとづく認識論的相対主義への新たなアプローチ）, Springer, Berlin, 2020.

［120］ S. French and J. Ladyman, 'In Defence of Ontic Structural Realism（存在に関する構造的実在論を擁護する）', in A. Bokulich and P. Bokulich (eds.), *Scientific Structuralism*（科学的構造主義）, Springer, Dordrecht, 2011, pp. 25-42; J. Ladyman and D. Ross, *Every Thing Must Go: Metaphysics Naturalized*（すべては進まねばならぬ：自然化された形而上学）, Oxford University Press, Oxford, 2007.

［121］ J. Ladyman, 'The Foundations of Structuralism and the Metaphysics of Relations（構造主義の基礎と関係の形而上学）', in *The Metaphysics of Relations*（既出）.

［122］ M. Bitbol, *De l'intérieur du monde*（既出）.

［123］ L. Candiotto, G. Pezzano, *Filosofia delle relazioni*（関係の哲学）, Il Nuovo Melangolo, Genova, 2019.

［124］ Plato, *The Sophist*, 247d-e.（邦訳『プラトン全集3：ソピステス・ポリティコス』［藤沢令夫・水野有庸訳、岩波書店］）

［125］ C. Rovelli, *L'ordine del tempo*, Adelphi, Milano, 2017.（邦訳『時間は存在しない』［冨永星訳、NHK出版］）

［126］ E. C. Banks, *The Realistic Empiricism of Mach, James, and Russell*（既出）.

［127］ Nāgārjuna, *Mūlamadhyamakakārikā*.（邦訳『梵文邦訳　中之頌』［宇井伯寿訳、大東出版社］〔龍樹、中論、根本中頌などとも〕）；英訳 J. L. Garfield,

The Fundamental Wisdom of the Middle Way: Nāgārjuna's 'Mūlamadhya-makakārikā'（「中道」の基本的な知恵：ナーガールジュナのムーラマディヤマカ・カーリカー。チベット語からの翻訳），Oxford University Press, Oxford, 1995.

〔128〕 同上、XVIII,7。

〔129〕 E. C. Banks, *The Realistic Empiricism of Mach, James, and Russell*（既出）第5章の結語。

〔130〕 C. Darwin, *The Origin of Species by Means of Natural Selection*, Murray, London, 1859.（邦訳『種の起原』［八杉龍一訳、岩波書店］ほか）

〔131〕「それに生じたことがなんらかの目的に沿って組織されているように見える存在は［いたとしても］、実はでたらめに構造化されているのであって……適切な形で組織されなかったものは……エンペドクレスがいうように……絶滅したのだ」（アリストテレス『自然学』II, 9, 198b, 29-32）

〔132〕 同上、II, 8, 198b, 35。

〔133〕 この章は、筆者の専門的な論文、'Meaning and Intentionality = Information + Evolution（意味と志向性＝情報＋進化）', in A. Aguirre, B. Foster and Z. Merali (eds.), *Wandering Towards a Goal*（ゴールへとさまよって）, Springer, Cham, 2018, pp. 17-27 に忠実に沿っている。ここで述べている例や着想のヒントになったのは、2016年にカナダのバンフで開かれた'The physics of the observer（観測者の物理学）'という会合においてデヴィッド・ウォルパートが行った 'Observers as systems that acquire information to stay out of equilibrium（平衡状態の外にとどまるための情報を獲得する系としての観測者）'という講演である。

〔134〕 ここでの意味は、F.-W. von Herrmann編『ハイデッガー全集』（Vol. ii, 1977）収録のマルティン・ハイデッガーの『存在と時間』のそれに近い。

〔135〕 D. J. Chalmers, 'Facing Up to the Problem of Consciousness（意識の問題と正対する）', *Journal of Consciousness Studies*, 2, 1995, pp. 200-19.

[136] J. T. Ismael, *The Situated Self*（状況に埋め込まれた自己）, Oxford University Press, Oxford, 2007.

[137] M. Dorato, 'Rovelli's Relational Quantum Mechanics, Anti-Monism, and Quantum Becoming（既出）'.

[138] T. Nagel, 'What is It Like to be a Bat?', *Philosophical Review*, 83, 1974, pp.435-50.（邦訳『コウモリであるとはどのようなことか』［永井均訳、勁草書房］所収）

[139] D. Bakhurst, *On Lenin's Materialism and Empiriocriticism*（既出）.

[140] T. Nagel, *Mind and Cosmos: Why the Materialist Neo-Darwinian Conception of Nature is Almost Certainly False*（精神と宇宙：唯物論的新ダーウィン主義の自然概念がほぼ確実に誤っている理由）, Oxford: Oxford University Press, 2012.

[141] たとえば、A. Clark, 'Whatever Next? Predictive Brains, Situated Agents, and the Future of Cognitive Science（いったい次は何なのか？ 予測する脳、状況に埋め込まれた行為者と認知科学の将来）', *Behavioral and Brain Sciences*, 36, 2013, pp.181-204 を参照されたい。

[142] D. Rudrauf, et al, 'A Mathematical Model of Embodied Consciousness（身体化された意識の数理モデル）', *Journal of Theoretical Biology*, 428, 2017, pp. 106-31; K. Williford, D. Bennequin, K. Friston, D. Rudrauf, 'The Projective Consciousness Model and Phenomenal Selfhood（射影的意識モデルと現象としての自己）', *Frontiers in Psychology*, 2018.

[143] H. Taine, *De l'Intelligence*（知性論）, Librairie Hachette, Paris, vol. II, 1870, p. 13.

[144] A. Bogdanov, *Empiriomonizm*（既出）; 英語版（既出）, p. 28.

[145] 見るということと科学の関係については、'Appearance and Physical Reality（見かけと物理的な現実）', https://lectures.dar.cam.ac.uk/

video/100/appearance-and-physicalrealityという講義で展開したことがあり、いずれ、Darwin College LecturesシリーズのVision（視覚）の巻に収録される予定である。

[146] 一八三一年一月四日付のゲーテのKarl Friedrich Zelter宛ての手紙 *Gedenkausgabe der Werke, Briefe und Gespräche*（作品、書簡、対話の回想録）, E. Beutler (ed.), Artemis, Zürich, vol. XXI, 1951に収載。

【著者】

カルロ・ロヴェッリ　Carlo Rovelli

理論物理学者。1956年、イタリアのヴェローナ生まれ。ボローニャ大学卒業後、パドヴァ大学大学院で博士号取得。イタリアやアメリカの大学勤務を経て、現在はフランスのエクス＝マルセイユ大学の理論物理学研究室で、量子重力理論の研究チームを率いる。「ループ量子重力理論」の提唱者の一人。『すごい物理学講義』（河出書房新社）で「メルク・セローノ文学賞」「ガリレオ文学賞」を受賞。『世の中ががらりと変わって見える物理の本』（同）は世界で150万部超を売り上げ、『時間は存在しない』（NHK出版）はタイム誌の「ベスト10ノンフィクション（2018年）」に選ばれるなど、著作はいずれも好評を得ている。本書はイタリアで12万部発行、世界23か国で刊行予定の話題作。

【訳者】

冨永 星　とみなが・ほし

1955年、京都府生まれ。京都大学理学部数理科学系卒業。一般向け数学科学啓蒙書などの翻訳を手がける。2020年度日本数学会出版賞受賞。訳書に、マーカス・デュ・ソートイ『素数の音楽』（新潮社）、シャロン・バーチュ・マグレイン『異端の統計学　ベイズ』（草思社）、スティーヴン・ストロガッツ『Xはたの（も）しい』、ジェイソン・ウィルクス『1から学ぶ大人の数学教室』（共に早川書房）、フィリップ・オーディング『1つの定理を証明する99の方法』（森北出版）など。

【解説】

竹内 薫　たけうち・かおる

1960年、東京生まれ。東京大学理学部物理学科卒業、マギル大学大学院博士課程修了。理学博士（Ph.D.）。サイエンス作家。科学評論やエッセイの執筆のほか科学書の翻訳も手掛け、テレビ・ラジオ・講演でも活躍している。

校閲：酒井清一
本文組版：佐藤裕久

世界は「関係」でできている
美しくも過激な量子論

2021年10月30日　第1刷発行
2022年2月15日　第3刷発行

著者　カルロ・ロヴェッリ

訳者　冨永 星

発行者　土井成紀

発行所　NHK出版
〒150-8081　東京都渋谷区宇田川町41-1
電話　0570-009-321（問い合わせ）
0570-000-321（注文）
ホームページ　https://www.nhk-book.co.jp
振替　00110-1-49701

印刷　亨有堂印刷所　大熊整美堂

製本　ブックアート

Printed in Japan　ISBN978-4-14-081881-7　C0098